关系数据库

管理系统中数据处理研究

宋连公◎著

GUANXI SHUJUKU

GUANLI XITONG ZHONG SHUJU CHULI YANJIU

中国水利水电出版社
www.waterpub.com.cn

内 容 提 要

　　本书分 7 章,对关系数据库管理系统中数据处理的相关问题进行了阐述,包括数据依赖、数据模型、数据定义、数据的查询处理与优化、数据的控制,并对关系数据库的设计、应用与实现进行了讨论,最后还论述了 Web 数据库的交换原理等内容。

图书在版编目(CIP)数据

　　关系数据库管理系统中数据处理研究/宋连公著
. -北京:中国水利水电出版社,2014.9 (2022.9重印)
　　ISBN 978-7-5170-2460-6

　　Ⅰ.①关… Ⅱ.①宋… Ⅲ.①关系数据库系统-数据处理-研究 Ⅳ.①TP311.138

　　中国版本图书馆 CIP 数据核字(2014)第 207748 号

策划编辑:杨庆川　责任编辑:杨元泓　封面设计:马静静

书　　名	关系数据库管理系统中数据处理研究
作　　者	宋连公　著
出版发行	中国水利水电出版社
	(北京市海淀区玉渊潭南路 1 号 D 座 100038)
	网址:www. waterpub. com. cn
	E-mail:mchannel@263. net(万水)
	sales@mwr.gov.cn
	电话:(010)68545888(营销中心)、82562819(万水)
经　　售	北京科水图书销售有限公司
	电话:(010)63202643、68545874
	全国各地新华书店和相关出版物销售网点
排　　版	北京鑫海胜蓝数码科技有限公司
印　　刷	天津光之彩印刷有限公司
规　　格	170mm×240mm　16 开本　14.25 印张　185 千字
版　　次	2015年4月第1版　2022年9月第2次印刷
印　　数	3001-4001册
定　　价	42.00 元

前　言

数据库技术不但是计算机科学技术中发展最快的领域之一,也是应用最广的技术之一。数据库管理系统是国家信息基础设施的重要组成部分,是国家信息安全的核心技术之一。数据库系统已成为计算机信息系统与应用系统的核心技术和重要基础。

关系数据库由于采用关系模型而得名,其为目前数据库应用中的主流技术。20 世纪 70 年代末以后所问世的数据库产品大多为关系模型,并逐渐替代网状模型、层次模型数据库系统。关系数据库系统具有以下优点。

(1)数据结构简单。关系数据库系统采用统一的二维表作为数据结构,不存在复杂的内部联系,具有高度简洁性与方便性。

(2)功能强。关系数据库系统能直接构造复杂的数据模型,同时也具备一定程度的修改数据模式的能力。

(3)使用方便。关系数据库系统数据结构简单,它的使用不涉及系统内部物理结构。所用数据语言均为非过程性语言,因此操作、使用均很方便。

(4)数据独立性高。数据的物理独立性很高,数据的逻辑独立性也有一定的改善。

本书对关系数据库管理系统中数据处理的相关问题进行了阐述。全书共分 7 章,主要内容包括数据处理与数据库概述、关系数据库中数据的定义、关系数据库中数据的查询处理与优化、关系数据库中数据的控制、关系数据库设计、关系数据库的应用与实现、Web 数据库交换原理等。

　　本书在撰写过程中得到了众多专家、学者的指导与建议,在此表示衷心的感谢;且参阅了许多著作和文献资料,得到了很大启示,在此向有关作者表示由衷的感谢,并在参考文献中列出,此处恕不一一列举。

　　由于能力有限、经验不足、时间仓促,本书在内容的组织上难免存在错漏和不妥之处,竭诚希望各同行专家以及广大读者提出宝贵的意见和建议,以使本书不断完善。

作　者

2014 年 6 月

目　　录

第 1 章　数据处理与数据库概述

　　本章主要介绍数据库技术研究与探讨的对象、内容与应用以及相关的基本概念。本章是全书的总纲,学习后使读者对数据库技术有一个全面、完整的认识。

1.1　数据与数据处理

1.1.1　数据(Data)

　　数据库中存储的基本对象就是数据。数据的种类很多,例如,图形(graph)、文本(text)、音频(audio)、图像(image)、视频(video)等。

　　数据的定义:

　　数据:描述事物的符号记录。

　　描述事物的符号可以有多种形式,例如数字、文字、语言、图形、图像等,数据有多种表现形式,它们都可以经过数字化后存入计算机。

　　数据的概念在现代计算机系统中是广义的。早期的计算机系统主要用于科学计算,处理的数据是数值型数据。现在计算机存储和处理的对象十分广泛,表示这些对象的数据也越来越复杂了。

　　数据的表现形式并不能完全表达其内容,此时需要经过解释,数据和关于数据的解释是不可分的。数据的解释是指对数据含义的说明,数据的含义称为数据的语义,数据与其语义是不可分的。

　　人们在现实生活中,可以直接用自然语言来描述事物。例如,可以这样来描述某小学一位学生的基本情况:牛萱同学,女,2008 年 3 月

生,河北省邢台市人,2016 年入学。在计算机中常常这样来描述:

(牛萱,女,200805,河北省邢台市,小学一年级,2016)

即把学生的姓名、性别、出生年月、出生地、年级、入学时间等组织在一起,组成一个记录。这里的学生记录就是描述学生的数据。这样的数据是有结构的。记录是计算机中表示和存储数据的一种格式或一种方法①。

1.1.2 数据处理

1. 信息

信息是指一种陈述或一种解释、理解等。数据经过解释并赋予一定的含义之后,就成为了信息,也就是说根据需要对数据进行加工处理后得到的结果就是信息。

2. 数据与信息的关系

数据是信息的具体表现形式,它用符号来表示,信息要想被理解和接受只有通过数据的形式表示出来。信息是数据的语义,信息在计算机中的存储即为数据。信息是观念上的,受制于人对客观事物变化规律的认知。例如,文字"黄昏",它的语义可能是一个词语,表示天快黑的时候,也可能是名称,如书籍的名称、绘本的名字等。

数据要符合其语义,数据与其语义是不可分的。数据库系统要保证数据库中的数据符合其语义。

3. 数据处理与数据管理

将数据加工成信息的过程称为数据处理(或者信息处理)。具体指利用计算机对各种数据进行收集、整理、存储、分类、排序、检索、维护、加工、统计、传输等一系列活动的总和。

---

① 王珊,萨师煊. 数据库系统概念(第四版). 北京:高等教育出版社,2006

从大量无序、难以理解的数据中,抽取并推导出有用的数据成分,作为行为和决策的依据为进行数据处理的主要目的之一。

一般情况下,数据处理的计算方法和过程比较简单,然而由于处理的数据量较大,数据结构相对复杂,所以,数据处理的重点是数据管理。

数据处理的核心为数据管理,主要功能包括:

①数据的收集和分类。

②数据的表示和存储。

③数据的定位与查找。

④数据的维护和保护。

⑤提供数据访问接口和数据服务等。

数据处理的效果直接受数据管理技术优劣的影响,数据库技术正是针对该目标进行研究、逐渐发展并完善起来的专门技术。数据库技术的研究目标为数据,数据库技术的应用方向为数据处理,数据库技术研究的主要内容为数据管理。

1.2　规范化

1.2.1　函数依赖

定义 1.1　设属性集 U 上的关系模式为 $R(U)$。X,Y 为 U 的子集。如果对于 $R(U)$ 的任意一个可能的关系 r,在 r 中不存在两个元组在 X 上的属性值相等,然而在 Y 上的属性值不等,那么此时称 X 函数确定 Y 或 Y 函数依赖于 X,记作 $X{\rightarrow}Y$。

函数依赖是语义范畴的概念。仅仅可以根据语义来确定一个函数依赖。

注意,函数依赖是指 R 的一切关系均要满足的约束条件。

下面给出一些术语和记号。

①$X{\rightarrow}Y$,然而 $X{\nsubseteq}Y$,则称 $X{\rightarrow}Y$ 是非平凡的函数依赖。

②$X{\rightarrow}Y$,然而 $X{\subseteq}Y$,则称 $X{\rightarrow}Y$ 是平凡的函数依赖。对于所有关系模式,必然成立的是平凡函数依赖,它不反映新的语义。如果没有给出特别声明,总是讨论非平凡的函数依赖。

③如果 $X{\rightarrow}Y$,则 X 称为该函数依赖的决定属性组,也称为决定因素(Determinant)。

④如果 $X{\rightarrow}Y$,$Y{\rightarrow}X$,则记作 $X{\longleftrightarrow}Y$。

⑤如果 Y 不函数依赖于 X,则记作 $X{\nrightarrow}Y$。

定义 1.2 在 $\boldsymbol{R}(U)$ 中,若 $X{\rightarrow}Y$,并且对于 X 的任何一个真子集 X',均存在 $X'{\nrightarrow}Y$,则称 Y 对 X 完全函数依赖,记作

$$X \xrightarrow{F} Y$$

如果 $X{\rightarrow}Y$,但 Y 不完全函数依赖于 X,则称 Y 对 X 部分函数依赖,记作:

$$X \xrightarrow{P} Y$$

定义 1.3 在 $\boldsymbol{R}(U)$ 中,若 $X{\rightarrow}Y$,$(X{\nsubseteq}Y)$,$Y{\nrightarrow}X$,$Y{\rightarrow}Z$,$Z{\nsubseteq}Y$,则称 Z 对 X 传递函数依赖(transitive functional dependency)。记作

$$X \xrightarrow{传递} Z。$$

1.2.2 码

关系模式中一个重要概念就是码。

定义 1.4 设 K 为 $\boldsymbol{R}{<}U,F{>}$ 中的属性或属性组合,如果 $K \xrightarrow{F} U$ 则 K 为 $\boldsymbol{R}$ 的候选码(Candidate key)。如果候选码不止一个,此时需要选定其中的一个为主码(Primary key)。

主属性(Prime attribute)是指包含在任何一个候选码中的属性。非主属性(Nonprime attribute)(非码属性(Non-key attribute))是指不包含在任何码中的属性。最简单的情况,单个属性是码。最极端的情

况，整个属性组是码，称为全码（All-key）。

例 1.1　关系模式 S($\overline{\text{Sno}}$,Sdept,Sage)中单个属性 Sno 是码，用下横线显示出来。SC($\overline{\text{Sno,Cno}}$,Grade)中属性组合（Sno,Cno）是码。

定义 1.5　关系模式 R 中属性或属性组 X 并非 R 的码，然而 X 是另一个关系模式的码，则称 X 是 R 的外部码（Foreign key），或者称其为外码。

主码与外部码提供了一个表示关系间联系的手段。

1.2.3　范式

关系数据库中的关系满足不同程度要求的为不同范式。第一范式即满足最低要求的，简称 1NF。第二范式即在第一范式中满足进一步要求的，其余以此类推。

在范式方面，E. F. Codd 于 1971～1972 年系统地提出了 1NF、2NF、3NF 的概念，讨论了规范化的问题。Codd 和 Boyce 于 1974 年又共同提出了一个新范式，即 BCNF。

Fagin 于 1976 年又提出了 4NF。后来又有人提出了 5NF。

所谓"第几范式"，是表示关系的某一种级别。因此通常称某一关系模式 R 为第几范式。现在把范式这个概念理解成符合某一种级别的关系模式的集合，则 R 为第几范式就可以写成 $R \in x\text{NF}$。

各种范式之间有如下联系：

$$5\text{NF} \subset 4\text{NF} \subset \text{BCNF} \subset 3\text{NF} \subset 2\text{NF} \subset 1\text{NF}$$

成立，如图 1-1 所示。

规范化（normalization）是指一个低一级范式的关系模式，通过模式分解（schema decomposition）可以转换为若干个高一级范式的关系模式的集合的过程。

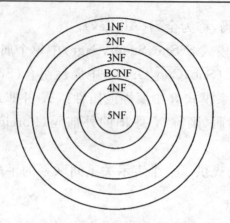

图 1-1　各种范式之间的联系

1. 2. 4　2NF、3NF 和 BCNF

1. 2NF

定义 1.6　如果 $R \in$ 1NF，且每一个非主属性完全函数依赖于码，则 $R \in$ 2NF。

一个关系模式 R 不属于 2NF，就会产生以下几个问题：插入异常、删除异常、修改复杂。

2. 3NF

定义 1.7　关系模式 $R<U,F>$ 中若不存在这样的码 X，属性组 Y 及非主属性 $Z(Z \not\subseteq Y)$ 使得 $X \rightarrow Y, Y \rightarrow Z$ 成立，$Y \not\rightarrow X$，则称 $R<U,F> \in 3NF$。

根据定义 1.7 可证明，若 $R \in$ 3NF，则每一个非主属性既不部分依赖于码也不传递依赖于码。

3. BCNF

Boyce 与 Codd 提出了 BCNF(Boyce Codd Normal Form)，比上述的 3NF 进了一步，一般情况下认为 BCNF 是修正的第三范式(或者扩充的第三范式)。

定义 1.8　关系模式 $R<U,F>\in 1NF$。如果 $X \rightarrow Y$ 且 $Y \subseteq X$ 时 X 必含有码,则 $R<U,F>\in BCNF$。

即关系模式 $R<U,F>$ 中,如果每一个决定因素都包含码,则 $R<U,F>\in BCNF$。

根据 BCNF 的定义可知,一个满足 BCNF 的关系模式有:

①一切非主属性对每一个码都是完全函数依赖。

②一切的主属性对每一个不包含它的码,也是完全函数依赖。

③不存在任何一个属性完全函数依赖于非码的任何一组属性。

因为 $R \in BCNF$,根据定义排除了任何属性对码的传递依赖与部分依赖,因此 $R \in 3NF$。但是若 $R \in 3NF$,则 R 未必属于 BCNF。

例 1.2　关系模式 SJP(S,T,J)中,S 表示学生用,T 表示教师,J 表示课程。这里每位教师仅教授一门课。每门课有若干教师,某一学生选定某门课,就对应一个固定的教师。根据语义可得到如下的函数依赖。

$$(S,J) \rightarrow T; (S,T) \rightarrow J; T \rightarrow J,$$

如图 1-2 所示。

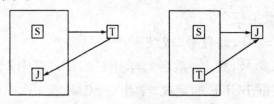

图 1-2　STJ 中的函数依赖

此处(S,J)、(S,T)均为候选码。

STJ 是 3NF,由于不存在任何非主属性对码传递依赖或部分依赖。然而 STJ 不是 BCNF 关系,由于决定因素为 T,然而它并不包含码。

3NF 和 BCNF 是在函数依赖的条件下对模式分解所能达到的分

离程度的测度。一个模式中的关系模式若均属于 BCNF,则在函数依赖范畴内,它已实现了彻底的分离,已消除了插入和删除的异常。可能存在主属性对码的部分依赖和传递依赖为 3NF 的"不彻底"性表现所在。

定义 1.9 设 $R(U)$ 是属性集 U 上的一个关系模式。X,Y,Z 为 U 的子集,并且 $Z=U-X-Y$。关系模式 $R(U)$ 中多值依赖 $X\rightarrow\rightarrow Y$ 成立,当且仅当对 $R(U)$ 的任一关系 r,给定的一对 (x,z) 值,有一组 Y 的值,该组值与 z 值无关,只决定于 x 值。

下面给出多值依赖另一个等价的形式化的定义:

在 $R(U)$ 的任一关系 r 中,若存在元组 t,s 使得 $t[X]=s[X]$,则一定存在元组 $\omega,\upsilon\in r(\omega,\upsilon$ 可以与 s,t 相同),从而使得 $\omega[X]=\upsilon[X]=t[X]$,然而 $\omega[Y]=t[Y],\omega[Z]=s[Z],\upsilon[Y]=s[Y],\upsilon[Z]=t[Z]$ 那么 Y 多值依赖于 X,记作 $X\rightarrow\rightarrow Y$。注意此处,$X,Y$ 为 U 的子集,$Z=U-X-Y$。

如果 $X\rightarrow\rightarrow Y$,而 $Z=\varnothing$,称 $X\rightarrow\rightarrow Y$ 为平凡的多值依赖。

例 1.3 分析下列给出的关系模式是否属于 BCNF。

学生(学号,姓名,系名)

系(系名,系主任名)

学生成绩(学号,课程号,成绩)

对于学生(学号,姓名,系名),学生 $\in$ 3NF,"学号"为候选码,为唯一决定因素,根据 BCNF 的定义,学生 $\in$ BCNF。

对于系(系名,系主任名),系 $\in$ 3NF,"系名"或"系主任名"为候选码,这两个码是由单个属性组成并不相交,"系名"和"系主任名"为决定因素,且无其他决定因素,根据 BCNF 的定义,系 $\in$ BCNF。

对于学生成绩(学号,课程号,成绩),学生成绩 $\in$ 3NF,候选码仅有一个(学号,课程号),为决定因素且无其他决定因素,根据 BCNF 的定义,学生成绩 $\in$ BCNF。

例 1.4 关系模式 WSC(W,S,C)中,W 表示仓库,S 表示保管员, C 表示商品。假设每个仓库均有若干个保管员,有若干种商品。每个 保管员保管所在仓库的所有商品,每种商品被所有保管员保管。关系 如表 1-1 所示。

表 1-1 关系表

W	S	C
W1	S1	C1
W1	S1	C2
W1	S1	C3
W1	S2	C1
W1	S2	C2
W1	S2	C3
W2	S3	C4
W2	S3	C5
W2	S4	C4
W2	S4	C5

根据语义对于 W 的每一个值 W_i,S 有一个完整的集合与之对应 而不问 C 取何值。所以 W→→S。

若用图 1-3 来表示这种对应,那么对应 W 的某一个值 W_i 的全部 S 值可记作 $\{S\}_{w_i}$,表示该仓库工作的全部保管员,全部 C 值记作 $\{C\}_{w_i}$, 表示在此仓库中存放的所有商品。应当有 $\{S\}_{w_i}$ 中的每一个值和 $\{C\}_{w_i}$ 中的每一个 C 值对应。从而 $\{S\}_{w_i}$ 与 $\{C\}_{w_i}$ 之间形成一个完全二分图, 所以 W→→S。

因为 C 与 S 的完全对称性,从而一定有 W→→C 成立。

多值依赖的性质如下:

①多值依赖的传递性。

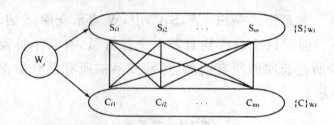

图 1-3 $W \twoheadrightarrow S$ 且 $W \twoheadrightarrow C$

②多值依赖具有对称性。

③函数依赖可看作是多值依赖的特殊情况。

④如果 $X \twoheadrightarrow Y, X \twoheadrightarrow Z$,那么 $X \twoheadrightarrow YZ$。

⑤如果 $X \twoheadrightarrow Y, X \twoheadrightarrow Z$,那么 $X \twoheadrightarrow Y \cap Z$。

⑥如果 $X \twoheadrightarrow Y, X \twoheadrightarrow Z$,那么 $X \twoheadrightarrow Y, X \twoheadrightarrow Z - Y$。

多值依赖与函数依赖的区别如下:

①多值依赖的有效性与属性集的范围有关。

②若函数依赖 $X \rightarrow Y$ 在 $R(U)$ 上成立,那么对于任何 $Y' \subset Y$ 均有 $X \rightarrow Y'$ 成立。但是对于多值依赖 $X \twoheadrightarrow Y$ 如果在 $R(U)$ 上成立,此时并不能推断出对于任何 $Y' \subset Y$ 有 $X \twoheadrightarrow Y'$ 成立。

1.2.5 4NF

定义 1.10   关系模式 $R<U, F> \in 1NF$,若对于 R 的每个非平凡多值依赖 $X \twoheadrightarrow Y(Y \not\subseteq X)$,$X$ 均含有码,那么称 $R<U, F> \in 4NF$。

4NF 就是限制关系模式的属性之间不允许有非平凡且非函数依赖的多值依赖。由于按照定义,对于每一个非平凡的多值依赖 $X \twoheadrightarrow Y$,X 都含有候选码,从而有 $X \rightarrow Y$,因此 4NF 所允许的非平凡的多值依赖实际上是函数依赖。[①]

易知,若一个关系模式是 4NF,则必为 BCNF。

---

①   王珊,萨师煊. 数据库系统概念(第四版). 北京:高等教育出版社,2006

如果一个关系模式已达到了 BCNF,但是并不是 4NF,该关系模式依旧具有不好的性质。

函数依赖和多值依赖是两种最重要的数据依赖。若仅仅考虑函数依赖,那么属于 BCNF 的关系模式规范化程度已经是最高的了。若考虑多值依赖,则属于 4NF 的关系模式规范化程度是最高的。

1.3　数据依赖

定义 1.11　对于满足一组函数依赖 F 的关系模式 $R<U,F>$,它的任何一个关系 r,如果函数依赖 $X{\rightarrow}Y$ 均成立,也就是说 r 中任意两元组 t,s,如果 $t[X]=s[X]$,从而有 $t[Y]=s[Y]$,则称 F 逻辑蕴含 $X{\rightarrow}Y$。

下面我们给出 Armstrong 公理系统,其目的在于求得给定关系模式的码,从一组函数依赖求得蕴含的函数依赖。

Armstrong 公理系统(Armstrong's axiom)设 U 为属性集总体,F 是 U 上的一组函数依赖,于是有关系模式 $R<U,F>$。$R<U,F>$ 具有以下推理规则:

①增广律(Augmentation rule):如果 $X{\rightarrow}Y$ 为 F 所蕴含,并且 $Z{\subseteq}U$,那么 $XZ{\rightarrow}YZ$ 为 F 所蕴含。

②自反律(Reflexivity rule):如果 $Y{\subseteq}X{\subseteq}U$,那么 $X{\rightarrow}Y$ 为 F 所蕴含。

③传递律(Transitivity rule):如果 $X{\rightarrow}Y$ 及 $Y{\rightarrow}Z$ 为 F 所蕴含,那么 $X{\rightarrow}Z$ 为 F 所蕴含。

定理 1.1　Armstrong 推理规则是正确的。

证明:①设 $Y{\subseteq}X{\subseteq}U$。

对于 $R<U,F>$ 的任一关系 r 中任意两个元组 t,s:

如果 $t[X]=s[X]$,因为 $Y{\subseteq}X$,则有 $t[Y]=s[Y]$,所以 $X{\rightarrow}Y$ 成

立,因而自反律得证。

②设 $X \rightarrow Y$ 为 F 所蕴含,并且 $Z \subseteq U$。

设 $R<U,F>$ 的任一关系 r 中任意的两个元组 t,s:

如果 $t[XZ]=s[XZ]$,从而有 $t[X]=s[X]$ 和 $t[Z]=s[Z]$;

因为 $X \rightarrow Y$,所以有 $t[Y]=s[Y]$,因此 $t[YZ]=s[YZ]$,从而有 $XZ \rightarrow YZ$ 为 $XZ \rightarrow YZ$ 所蕴含,增广律得证。

③设 $X \rightarrow Y$ 及 $Y \rightarrow Z$ 为 F 所蕴含。

对 $R<U,F>$ 的任一关系 r 中任意两个元组 t,s:

如果 $t[X]=s[X]$,因为 $X \rightarrow Y$,则有 $t[Y]=s[Y]$;

根据 $Y \rightarrow Z$,则有 $t[Z]=s[Z]$ 为 F 所蕴含,传递律得证。

根据上述 3 条推理规则可得到下面三条推理规则:

①合并规则(union rule):因为 $X \rightarrow Y,X \rightarrow Z$,所以有 $X \rightarrow YZ$。

②伪传递规则(pseudo transitivity rule):因为 $X \rightarrow Y,WY \rightarrow Z$,所以有 $XW \rightarrow Z$。

③分解规则:由 $X \rightarrow Y$ 及 $Z \subseteq Y$,有 $X \rightarrow Z$。

引理 1.1 $X \rightarrow A_1 A_2 \cdots A_k$ 成立的充分必要条件是 $X \rightarrow A_i$ 成立($i=1,2,\cdots,k$)。

定义 1.12 在关系模式 $R<U,F>$ 中为 F 所逻辑蕴含的函数依赖的全体叫作 F 的闭包(closure),记为 F^+。

自反律,传递律和增广律称为 Armstrong 公理系统。

Armstrong 公理系统的特点是有效的、完备的。

由 F 出发根据 Armstrong 公理推导出来的每一个函数依赖一定在 F^+ 中就是所谓的 Armstrong 公理的有效性。

F^+ 中的每一个函数依赖,必定可以由 F 出发根据 Armstrong 公理推导出来,就是 Armstrong 公理的完备性。

定义 1.13 设 F 为属性集 U 上的一组函数依赖,$X \subseteq U$,$X_F^+ = \{A \mid X \rightarrow A$ 能由 F 根据 Armstrong 公理导出$\}$,X_F^+ 称为属性集 X 关于函

数依赖集 F 的闭包。

引理 1.2　设 F 为属性集 U 上的一组函数依赖，$X,Y\subseteq U$，$X\rightarrow Y$ 能由 F 根据 Armstrong 公理导出的充分必要条件是 $Y\subseteq X_F^+$。

判定 $X\rightarrow Y$ 是否能由 F 根据 Armstrong 公理导出的问题，从而转化为求出 X_F^+，判定 Y 是否为 X_F^+ 子集的问题。下面给出相关算法。

算法 1.1　求属性集 $X(X\subseteq U)$ 关于 U 上的函数依赖集 F 的闭包 X_F^+。

输入：X,F

输出：X_F^+

具体步骤：

①设 $X^{(0)}=X,i=0$。

②求 B，此处 $B=\{A\mid(\exists V)(\exists W)(V\rightarrow W\in F\wedge V\subseteq X^{(i)}\wedge A\in W)\}$。

③$X^{(i+1)}=B\bigcup X^{(i)}$。

④判断 $X^{(i+1)}=x^{(i)}$ 是否相等。

⑤如果相等或 $X^{(i)}=U$ 那么 $X^{(i)}$ 就是 X_F^+，此时算法终止。

⑥如果不相等，则 $i=i+1$，此时需要返回第②步。

定理 1.2　Armstrong 公理系统是有效的、完备的。

证明：由于 Armstrong 公理系统的有效性可由定理 1.1 得到证明。因此在这里我们仅给出完备性的证明。

①如果 $V\rightarrow W$ 成立，并且 $V\subseteq X_F^+$，则 $W\subseteq X_F^+$。

证明：由于 $V\subseteq X_F^+$，因而 $X\rightarrow V$ 成立；所以 $X\rightarrow W$ 成立，所以可知 $W\subseteq X_F^+$ 成立。

②构造一张二维表 r，它由以下两个元组构成，可以证明 r 必为 **R** $<U,F>$ 的一个关系，也就是说 F 中的全部函数依赖在 r 上成立。

$\overline{\qquad X_F^+\qquad}$	$\overline{\quad U-X_F^+\quad}$
11……1	00……0
11……1	11……1

如果 r 不是 $\boldsymbol{R}{<}U,F{>}$ 的关系,那么一定因为 F 中有某一个函数依赖 $V{\to}W$ 在 r 上不成立而导致。根据 r 的构成易知,V 一定是 X_F^+ 的子集,然而 W 不是 X_F^+ 的子集,可是由第①步,这与 $W\subseteq X_F^+$ 相互矛盾。因此 r 必是 $\boldsymbol{R}{<}U,F{>}$ 的一个关系。

③如果 $X{\to}Y$ 不能由 F 从 Armstrong 公理导出,则 Y 不是 X_F^+ 的子集,所以一定有 Y 的子集 Y' 满足 $Y'\subseteq U-X_F^+$,那么 $X{\to}Y$ 在 r 中不成立,也就是 $X{\to}Y$ 一定不为 $\boldsymbol{R}{<}U,F{>}$ 蕴含。

从蕴含(或导出)的概念出发,引出了两个函数依赖集等价和最小依赖集的概念。

定义 1.14 若 $F^+=G^+$,即函数依赖集 F 覆盖 G,或 F 与 G 等价。

引理 1.3 $F^+=G^+$ 的充分必要条件是 $F\subseteq G^+$,和 $G\subseteq F^+$。

证明:由于必要性显然,因此这里只证明充分性。

①如果 $F\subseteq G^+$,则 $X_F^+\subseteq X_G^+$。

②任取 $X{\to}Y\in F^+$,则有 $Y\subseteq X_F^+\subseteq X_G^+$。

因此 $X{\to}Y\in(G^+)^+=G^+$。 即 $F^+\subseteq G^+$。

③同理可证 $G^+\subseteq F^+$,所以 $F^+=G^+$。

定义 1.15 若函数依赖集 F 满足下列条件,则称 F 为一个极小函数依赖集。也称为最小依赖集或最小覆盖(minimal cover)。

①F 中任一函数依赖的右部仅含有一个属性。

②F 中不存在这样的函数依赖 $X{\to}A$,使得 F 与 $F-\{X{\to}A\}$ 等价。

③F 中不存在这样的函数依赖 $X{\to}A$,X 有真子集 Z 使得 $F-\{X{\to}A\}\cup\{Z{\to}A\}$ 与 F 等价。

定理 1.3 每一个函数依赖集 F 均等价于一个极小函数依赖集 F_m。该 F_m 称为 F 的最小依赖集[①]。

---

① 王珊,萨师煊. 数据库系统概念(第四版). 北京:高等教育出版社,2006

证明:这是一个构造性的证明,分三步对 F 进行"极小化处理",找出 F 的一个最小依赖集。

①逐个检查 F 中各函数依赖 $FD_i:X \rightarrow Y$,如果 $Y = A_1 A_2 \cdots A_k, k > 2$,那么用 $A\{X \rightarrow A_j | j = 1, 2, \cdots, k\}$ 来取代 $X \rightarrow Y$。

②逐一检查 F 中各函数依赖 $FD_i:X \rightarrow A$,设 $G = F - \{X \rightarrow A\}$,如果 $A \in X_G^+$,则从 F 中去掉此函数依赖。

③逐一取出 F 中各函数依赖 $FD_i:X \rightarrow A$,设 $X = B_1 B_2 \cdots B_m$,逐一考查 $B_i (i = 1, 2, \cdots, m)$,如果 $A \in Z_F^+$,则以 $X - B_i$ 取代 X。

最后剩下的,就一定是极小依赖集,而且与原来的 F 等价。因为对 F 的每一次"改造"都保证了改造前后的两个函数依赖集等价。这些证明很显然。

1.4　数据模型与关系数据库

数据库中的数据是有结构的,事物与事物之间的联系是通过这种结构反映出来的,是按照某种数据模型来组织数据的。数据库系统中用于提供数据表示和操作手段的形式结构称为数据模型。数据库的设计方法取决于数据模型的设计方法。传统的数据模型分为层次模型、网状模型和关系模型三类,表示数据之间联系的方式不同为该三种数据模型之间的根本区别所在:

网状模型采用"图结构"来表示数据之间的联系。

层次模型采用"树结构"来表示数据之间的联系。

关系模型采用"二维表格"来表示数据之间的联系。

接下来我们对数据模型的三种类型进行简单介绍。

(1)网状模型

网状模型是用"图结构"来表示数据之间的联系,网中的每一个节点代表一个记录类型。网状模型的特征如下:

①允许节点有多于一个的父节点。

②可有一个以上的节点无父节点。

(2)层次模型

层次模型的数据结构是一棵"有向树"。

层次模型的特征如下：

①仅有一个节点没有父节点,将其称为根节点。

②除去根节点外,其他节点有且仅有一个父节点。在层次模型中,每个节点描述一个实体型。

(3)关系模型

关系模型是用"二维表格"结构来表示数据之间的联系,每个二维表又称为关系。关系模型是由"二维表框架"组成的集合。[①]

信息的表现形式就是数据,然而信息反映的是客观事物的物理状态。例如,某个国家的 GDP 值为一个数据,该数据反映了该国家的综合实力,该类信息的数据为自然的。另一种情况,是为了计算机处理方便而用数据来表示信息。例如,大学某门课程的成绩分为优秀、良好、中等、及格和不及格五级,通过计算机进行存储时可分别用数字 1、2、3、4、5 来代替,这样做的优点在于：

①处理节省存储空间。

②提高查找、统计的速度。

因此现实世界中的所有信息都可以用数字来表示,即各种事物都可以用计算机来处理。显然,采用数字来表示信息不仅是计算机应用的需要,而且只有数字表示的信息才是最准确的。因此,从客观事物的物理状态到表示信息的数据经历了现实世界、信息世界、数据世界三个不同的世界。

在术语和概念方面这三个世界中并不统一,对于大多数用户来说,

---

① 马吉明,孙林. 数据库应用开发与管理. 北京:机械工业出版社,2011

现实世界和信息世界是其主要面对的。现实世界中与数据库相关的术语如下：

（1）实体

实体是指为人类所认识的、客观存在并可相互区别的物体。例如，一张桌子、一本书等。

（2）实体集

实体集是指性质相同的同类实体的集合。例如，某个团队的成员、某个公司的员工等。

（3）属性

实体集是指在数据库中经常涉及的一批同类实体，这批同类实体的集合有各方面的共同特征或性质，这类共同特征或性质称为属性。例如，关于学生的属性有学号、姓名、性别、年龄、班级等。

（4）实体标识符

实体标识符是指能将一个实体与其他实体区别开来的属性集。例如，书本的书名、编号等。

（5）联系

联系是指实体之间的对应关系。

联系可分如下两类：

①实体内部反映各属性之间的联系。

②实体之间的联系。

实体之间的联系分为一对一联系（$1:1$）、一对多联系（$1:M$）和多对多联系（$N:M$）三种类型。

最常用的数据表示方法就是二维表格，关系模型就是通过表格来表示和实现实体间的关系的。二维表中的元素就是数据，二维表本身即是关系。

关系所对应的表是一种简单的二维表，需要注意：

①不允许表中出现组合数据。

②不允许表中再嵌入表。

表中的每一行也可以称为元组或记录。

表中的每一列,是一个属性值集。列可以命名,称为字段名或属性名。

如下注意:

①关系模型中的域都是原子数据的集合。不可再分的数据就是原子数据,如整型数、布尔型数等。

②属性值可以是未知的,此时用 NULL 表示,有时也将其称为空值。严格意义上,NULL 并不是一个值,而是一个属性值为空缺的标记。例如,某学生的年龄未知,则相应的属性值即为 NULL。

第 2 章　关系数据库中数据的定义

SQL 的数据定义功能包括模式定义、表定义、视图和索引的定义，如表 2-1 所示。

表 2-1　SQL 的数据定义语句

操作对象	操作方式		
	创建	删除	修改
模式	CREATE SCHEMA	DROP SCHEMA	
表	CREATE TABLE	DROP TABLE	ALTER TABLE
视图	CREATE VIEW	DROP VIEW	
索引	CREATE INDEX	DROP INDEX	

2.1　关系数据库管理系统的数据定义功能概述

2.1.1　数据定义功能

关系数据库管理系统的数据定义主要为应用系统定义数据库上的整体结构模式，这种定义可分为上层——模式层、中层——表结构层、底层——列定义层。

1. 上层——模式层

第一步就是需要为整个应用系统定义一个模式，通常一个关系数据库管理系统可定义多个模式,每个模式与一个应用系统相互对应。

一个模式包括的模式元素为:多个表、视图和相应索引。

"创建模式"定义模式,"删除模式"取消模式。

一旦模式定义,该模式后所定义的模式元素都属于该模式。

2. 中层——表结构层

对模式层结构的具体定义为表结构层。

表结构层包括:

(1)基表

基表是关系数据库管理系统中的基本结构。

表结构层的作用如下:

①"创建表":定义表结构。

②"修改表":对表结构作更改。

③"删除表":取消表结构。

(2)视图

视图是建立在同一模式表上的虚拟表,由于视图可以由其他表导出,因此又将其称为导出表。

视图的作用如下:

①"创建视图":定义。

②"删除视图":取消视图。

(3)索引

索引的作用如下:

①"建立索引":从而构造索引。

②"删除索引":从而撤消索引。

3. 底层——列定义层

列定义层是对表中属性的定义。

列定义层包括：列名和列的数据类型。

通常情况下在创建表中定义列定义层，此外，它还可定义有关列的完整性约束条件，例如：

①列是否为空值。

②列是否为主键、外键。

③列间的约束表达式。

上述三个层次可用图 2-1 表示。

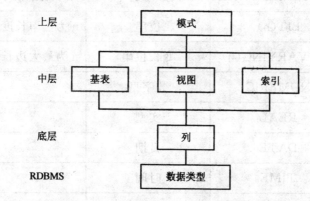

图 2-1　数据定义的三个层次结构图

2.1.2　SQL 基本数据类型

SQL 提供数据定义中的基本数据类型，如表 2-2 所示。

表 2-2　数据类型

序列	符号	数据类型	备注
1	INT	整数	
2	SMALLINT	短整数	
3	DEC(m,n)	十进制数	m 表示小数点前位数，n 表示小数点后位数

序列	符号	数据类型	备注
4	FLOAT	浮点数	
5	CHAR(n)	定长字符串	n 表示字符串位数
6	VARCHAR(n)	变长字符串	n 表示最大边长数
7	NATIONAL CHAR	民族字符串	用于表示汉字
8	BIT(n)	位串	n 为位串长度
9	BIT VARYING(n)	变长位串	n 为最大边长数
10	NOMERIC	数字型	
11	REAL	实型	
12	DATE	日期	
13	TIME	时间	
14	TIMESTAMP	时间戳	
15	INTERVAL	时间间隔	

2.2　模式的定义与删除

2.2.1　模式定义

由 CREATE SCHEMA 定义,其形式为:

CREATE SCHEMA<模式名>AUTHORIZATION<用户名>

上述语句有两个参数,分别为模式名和用户名。

定义模式后,此模式后定义的模式元素归属于该模式。

要创建模式,用户必须拥有 DBA 权限或者获得了 DBA 授予的 CREATESC HEMA 的权限才能调用上述命令。

例 2.1

　　CREATE SCHEMA AUTHORIZATION WANG;

由于此语句没有指定<模式名>,因此<模式名>隐含为用户名 WANG。

定义模式即定义一命名空间,在该空间中可进一步定义该模式包含的数据库对象。

这些数据库对象可用表 2-3 中相应的语句 CREATE 来定义。

表 2-3　SQL 的数据定义语句

操作对象	操作方式		
	创建	删除	修改
模式	CREATE SCHEMA	DROP SCHEMA	
表	CREATE TABLE	DROP TABLE	ALTER TABLE
视图	CREATE VIEW	DROP VIEW	
索引	CREATE INDEX	DROP INDEX	

2.2.2　模式删除

DROP SCHEMA 完成模式删除,其形式为:

DROP SCHEMA<模式名>,<删除方式>

在参数"删除方式"中有如下两种方式:

①连锁式:CASCADE,其中 CASCADE 表示删除与模式所关联的模式元素。

②受限制:RESTRICT,其中 RESTRICT 表示只有在模式中不存

在任何关联模式元素时才能删除。

注意:CASCADE 和 RESTRICT 必须二选一。

例 2.2 CREATE SCHEMA TEST AUTHORIZATION ZHANG

CREATE TABLE TAB1(

COL1 SMALLINT,

COL2 INT,

COL3 CHAR(20),

COL4 NUMERIC(10,3),

COL5 DECIMAL(5,2)

);

DROP SCHEMA ZHANG CASCADE;

语句 DROP SCHEMA ZHANG CASCADE 删除了模式 ZHANG,同时,表 TAB1 也被删除了。

2.3 基表的定义、修改与删除

2.3.1 基表的定义

通过创建表(CREATE TABLE)语句以定义一个基表的框架,其形式为:

CREATE TABLE<基表名>(<列定义>[<列定义>]…)[其他参数]

列定义形式如下:

<列名><数据类型>[NOT NULL]

其中任选项[其他参数]是与物理存储有关的参数,它随具体系统而有所不同。

[NOT NULL]表示指定列不允许出现有空值,它可由用户任选。

通常情况下在建表时还可定义与该表有关的完整性约束条件,定义的约束条件存入系统的数据字典中,当用户操作表中数据时,RD-BMS 自动检查操作是否违背了约束条件。若完整性约束条件涉及到该表的多个属性列,此时必须定义在表级上。[①]

例 2.3　建立一个"课程"表 Course。

```
CREATE TABLE Course
    (
    Cno CHAR(4)PRIMARY KEY,
    Cname CHAR(40),
    Cpno CHAR(4),
    Ccredit SMALLINT,
    FOREIGN KEY Cpno REFERENCES Course(Cno)
    );
```

2.3.2　基表的修改

伴随着数据库应用需求的变换,此时表结构可能需要做修改。[②]

```
ALTER TABLE<表名>
[ADD<新列名><数据类型>[完整性约束]]
[DROP<完整性约束名>]
[ALTER COLUMN<列名><数据类型>];
```

①ADD 子句用于为基表增加新的字段,该字段不能定义为 NOT NULL。

②DROP 子句用于删除基表中的指定字段,但是很多数据库系统对删除字段并不支持。使用 CASCADE 选项,可以级联删除;RE-

---

①　王珊,萨师煊. 数据库系统概念(第四版). 北京:高等教育出版社,2006
②　张玉洁,孟祥武. 数据库与数据处理. 北京:机械工业出版社,2013

STRICT 表示该列在没有视图和约束引用时才可删除。默认值为 RE-STRICT。

③MODIFY 子句用于修改指定字段的数据类型。

例 2.4 增加课程名称必须取唯一值的约束条件。

ALTER TABLE Course ADD UNIQUE(Cname)；

2.3.3 基表的删除

删除一个基表使用删除表(DROP TABLE)语句,该语句删除内容包括:基表的结构连接;基表的数据、索引;基表所导出的视图。

操作后释放相应空间。

删除表的形式为:

DROP TABLE(基表名)

删除关系 S 的形式:

DROP TABLE S

例 2.5 如果表上建有视图,此时选择 RESTRICT 不能实现表删除功能;而选择 CASCADE 可达到删除表的功能。

视图也自动被删除。

CREATE VIEW IS—Student/＊Student 表上建立视图＊/

AS

ELECT Sno,Sname,Sage

FROM Student

WHERE Sdept＝'IS'；

DROP TABLE Student RESTRICT；/＊删除 Student 表＊/

——ERROR:cannot drop table Student because other objects depend on it DROP TABLE Student CASCADE；/＊删除 Student 表＊/

——NOTICE:drop cascades to view IS_Student

SELECT ＊ FROM IS_Student；

——ERROR：relation"IS Student"does not exist

如表 2-4 所示，给出了 SQL99 标准对 DROP TABLE 的规定，并与给出 Kingbase ES、Oracle 9i、MS SQL SERVER 2000 这 3 种数据库产品对 DROP TABLE 的不同处理策略。

表 2-4　DROP TABLE 时，SQL99 与 3 个 RDBMS 的处理策略比较

序号	标准及主流数据库的处理方式 ＼ 依赖基本表的对象	SQL99		Kingbase ES		Oracle 9i	MS SQL SERVER 2000
		R	C	R	C	C	C
1	索引	无规定		√	√	√ √	√
2	视图	×	√	×	√ 保留	√ 保留	√ 保留
3	DEFAULT，PRIMARY KEY，CHECK（只含该表的列）NOT NULL 等约束	√	√	√	√	√	√
4	外码 Foreign Key	×	√	×	√	×	×
5	触发器 TRIGGER	×	√	×	√	√	√
6	函数或存储过程	×	√	√ 保留	√ 保留	√ 保留 √ 保留	√ 保留

注意："×"表示基本表不能删除，"√"表示基本表能删除，"保留"表示基本表被删除后，还保留依赖对象。

2.4　视图的定义与删除

视图并不单独存在，其为一种虚关系，当需要视图时由相关基本关

系抽取相关数据组织而成。[1]

视图语句格式为：

CREATE VIEW<视图名>[(<属性名>{,<属性名>)))]As<查询>

其中,<属性名>的个数与顺序和<查询>中的对应,如果<属性名>没有列出,那么此时使用<查询>中所对应的。

例2.6 建立关于"计算机科学系"学生的视图。

CREATE VIEW CS-Student(S♯,Sname)

 AS SELECTS♯,Sname

  FROM Student

  WHERE Dept='CS'

撤销视图,语句格式为：

DROP VIEW<视图名>

该语句对数据库不存在任何影响,只是从数据字典中删去了相关定义信息。

2.5　索引的定义与删除

2.5.1　索引的定义

通常由 DBA 或建表人负责索引的建立。

通过语句(CREATE INDEX)建立索引,该语句可根据指定基表、指定列以及指定顺序建立索引。

形式如下：

CREATE[UNIQUE][CLUSTER]INDEX<索引名>ON<基表

① 刘云生.数据库系统分析与实现.北京:清华大学出版社,2009

名>(<列名>[<顺序>1],[<列名>[<顺序>],…])[其他参数]
其中,<表名>为要建索引的基本表的名字。索引可建立在该表的一
列或多列上,各列名之间用逗号分隔。

语句中 UNIQUE 为可选项,UNIQUE 如果出现在建立索引中,
那么此时表示不允许两个元组在给定索引中有相同的值。CLUSTER
表示所建立的索引是集簇索引。这里所说的集簇索引是指索引项的顺
序与表中记录的物理顺序一致的索引组织。在最经常查询的列上为了
达到提高效率的目的可建立集簇索引,通常情况下一张表只能建一个
集簇索引。语句中顺序可按升序(ASC)或降序(DESC)给出默认顺序
为升序。

例如:
  CREATE UNIQUE INDEX XSNO ON S(sno)

例 2.7 为学生-课程数据库中的 Student,Course,SC 3 个表建立
索引。其中 Student 表按学号升序建唯一索引,Course 表按课程号升
序建唯一索引,SC 表按学号升序和课程号降序建唯一索引。

CREATE UNIQUE INDEX Stusno ON Student(Sno);
CREATE UNIQUE INDEX Coucno ON Course(Cno);
CREATE UNIQUE INDEX SCno ON SC(Sno ASC,Cno DE-
SC)。

2.5.2 索引的删除

建立索引的目的是减少查询时间,然而如果数据增加、删除、修改
频繁,此时维护索引需要花费大量的时间,查询效率大大降低,那么可
以删除一些不必要的索引。

在 SQL 中,使用语句 DROP INDEX 删除索引。
一般格式:
DROP INDEX<索引名>;

注意:在删除索引时,数据字典中有关该索引的描述将同时被删去。

在 RDBMS 中索引一般采用 B+树、HASH 索引来实现。

B+树索引的优点为:动态平衡。HASH 索引的优点为:查找速度快。

第 3 章　关系数据库中数据的查询处理与优化

查询处理过程是指数据库按用户指定的 SQL 语句中的语义,执行语义所限定的操作。由于 SQL 语句的执行效率对数据库的效率能够产生较大的影响,为了提高查询语句的执行效率,还必须对查询语句进行优化。对查询语句进行优化的技术就是查询优化技术。

3.1　关系数据库系统的查询处理

在查询处理过程中,一个查询被转换成一个对数据库的操作序列,并执行该序列。查询处理包含了一系列的活动,包括将高级数据库语言(如 SQL)表示的查询转换成在低级的系统物理层实现的形式(即实现关系代数的操作序列)、多种查询优化变换、查询的评价(实际执行)。

查询处理是 DBMS 中用户所能感觉到的性能影响最大的部件,主要由查询编译器和执行引擎两部分组成。利用查询编译器将查询翻译成一种内部形式,称为查询计划。查询计划是要执行的数据操作序列,这些操作一般就是关系代数的实现。查询编译器由三部分组成:语法分析器,由文本形式的查询构造出一个该查询的语法树(syntax tree);语句翻译器,对查询进行语义检查,对语法树结构进行某些转换,将语法树转换成代数操作树(即逻辑查询计划);查询优化器,将逻辑查询计划经多次变换、统计分析和选优,最后转换成最有效的实际数据库操作序列(即物理查询计划)。执行引擎与 DBMS 的相关部件直接或通过缓冲区间接地执行交互,负责优化产生的物理查询计划的执行,实现其中的各步操作。

对于一个给定查询,处理策略有多种,不同策略的代价不一样,尤其是对于较复杂的查询,其代价可以相差几个数量级。因此,系统花费一定的时间来选择一个好的处理策略是值得的,这就是查询优化。系统的查询优化是对关系数据库而言的,关系查询语言是说明性或代数语言,说明性语言允许用户说明一个查询将产生什么(而不用说明系统如何产生);代数语言还考虑用户查询的代数变换,对于一个给定查询,基于其规范说明,优化器可以相对容易地产生各种等价查询计划,从而选择代价最低的一个。

例如,对于查询

SELECT Name,Age

FROM STUDENTS

WHERE Age<20

通常有多种计算其答案的方法。首先,一个查询可以以不同的形式(例如 SQL)来表示;其次,每一 SQL 语句本身又可以转换成不同形式的关系代数表达式;进而,一个查询的关系代数表达式也仅部分地说明如何评价该查询,还可以有多种计算关系代数表达式的方法。此处,该查询可以转换成下列关系代数表达式之一:

$$\sigma_{Age<20}(\pi_{Name,Age}(STUDENTS))$$

$$\pi_{Name,Age}(\sigma_{Age<20}(STUDENTS))$$

而每一个关系代数操作还可以使用不同算法来实现,例如算法使用或不用索引等。

RDBMS 查询处理可以分为查询分析、查询检查、查询优化和查询执行 4 个阶段。

(1)查询分析

在查询分析过程中,对查询语句进行扫描、词法分析和语法分析,从查询语句中识别出语言符号,判断查询语句是否符合 SQL 语法规则。

查询处理中的语法分析与一般语言编译系统中的语法分析类似，主要是检查查询的合法性，包括单词、其他句子成分是否正确，以及它们是否构成一个合乎语法的句子，并将其转换成一种能清楚地表示查询语句结构的语法分析树。

下面是一个查询的基本语法规则：

$<$Query$>$∷$<$SFW$>$｜$<$Rel-Exper$>$｜$<$Query$>$

$<$Query$>$是所有规则 SQL 查询语句，$<$Rel-Exper$>$表示一个或多个关系和 UNION、INTERRSECT、JOIN 等操作组成的表达式，$<$SFW$>$表示常用的 Select-From-Where 形式的查询，即

$<$SFW$>$∷＝SELECT$<$S_List$>$WHERE$<$Condition$>$

$<$S_List$>$∷＝$<$Attribute$>${,Attribute}｜$<$S_Expr$>$

$<$F_List$>$∷＝$<$Relation$>${,Relation}｜$<$F_Expr$>$

{,}表示其中的元素为 0,1 或多个。$<$S_Expr$>$表示 SELECT 后的列表中的元素可以是表达式或者聚集函数。$<$F_Expr$>$表示 FROM 后的列表中的元素可以为表达式。$<$Condition$>$为一般意义的条件表达式，包括由逻辑运算符 AND、OR、NOT 等构成的逻辑表达式，由比较操作符＝、$<$、$>$、$\leqslant$、$\geqslant$、$\neq$构成的关系表达式等。

（2）查询检查

根据数据字典对合法的查询语句进行语义检查，即检查语句中的数据库对象，如属性名、关系名，是否存在和是否有效。还要根据数据字典中的用户权限和完整性约束定义对用户的存取权限进行检查。如果该用户没有相应的访问权限或违反了完整性约束，就拒绝执行该查询。检查通过后便把 SQL 查询语句转换成等价的关系代数表达式。

RDBMS 一般都用查询树（query tree），也称为语法分析树（syntax tree），来表示扩展的关系代数表达式。这个过程中要把数据库对象的外部名称转换为内部表示。语法分析树是一个查询的语法元素构成的

树,按树的结构定义,有:

$<$Syntax-tree$>$∷$=<$N,E$>$

n∷$=<$Atom$>$|$<$Stn-Cat$>$

$<$Atom$>$∷$=$Syntaxpart

如关键字、关系属性名、常数、运算符等。

$<$Syn-Cat$>$∷$=<$Sub-tree$>$

$<$Sub-tree$>$∷$=$a tree formed by component

如$<$SFW$>$、$<$Condition$>$等。

E∷$=\{n_i-n_j|n_j$按语法规则是 n_i的一个部件$\}$

语句翻译又称预处理,主要负责语义检查,检查关系和视图使用的合法性,检查并解释属性的使用;替换视图成定义它的语法树;最后转换成关系代数表达式树。

①关系使用检查,保证在 FROM 子句的 F_List 表中出现的关系名必须是该查询所对应的模式中的关系或视图名。

②视图替换,若查询语句中的关系实际上是一个视图,则在 FROM 子句的 F_List 表中该视图的出现都用其语法树来替代。语法树由视图的定义获得,其本质上就是一个查询语句。

③属性使用检查与解析。SELECT 子句和 WHERE 子句中所涉及的每个属性必须是当前范围(extension)的某个关系的属性。如果在语句中,属性名前没有显式地冠上关系名,翻译器则将它所引用的关系名附到属性名上来解析(resolve)。同时还检查属性(值)的二义性,即同一属性(值)不能同时属于两个及两个以上具有该属性的关系的范围。

④数据类型检查。所有用到的属性的类型及相联的运算符必须适当,且相互兼容。

⑤关系代数转换。查询的语法树经过上述一系列的关系检查、视图替换、属性检查与解析后,若没有错误,则被转换成扩展的关系代数

表达式树。该树的结点就是关系代数表达式的组件,包括运算符。

转换语法树成关系代数表达式(树)的基本规则有两条:对于简单的<SFW>式树,将其转换成代数表达式树,该树自底向上为:

①<F_List>中的每一关系为一叶结点,若有多个关系,则其父结点为积运算符"×"。它们整体作为上一层结点的选择运算的参数。

②再上一层结点为选择运算 σ_C,其中 C 就是<Condition>表达式。选择运算又作为上一层结点的投影运算的参数。

③树根为投影运算 π_L,其中 L 就是<S_List>中的属性列表。

对于嵌套查询的语法树,其转换规则为:

①将子查询的<SFW>式树按上一条规则转换成关系代数表达式(子)树。

②将外层的<SFW>式树也按上一条规则转换成代数表达式树。不过,不是采用代数选择运算 σ_C,而是采用一双参数选择运算 σ,<Condition>仍为其中一个参数,标识一个分析子树,该子树中包含子查询的代数表达式子树。被选择的对象为其另一个参数。

③进一步用单参数选择和其他关系代数操作符来替换双参数选择操作符。这可能有多种情况。

设有一双参数选择,其参数分别为关系 R 和形如 t IN S 的<Condition>,其中 S 为一非相关子查询(即它与被检测的元组无关,可以只计算一次),t 是 R 的(某些)属性构成的一个元组。则树变换如下:

①用子查询的表达式树代替 S。若有重复元组,表达式树的根应有"去掉重复"操作 δ,这样表达式树所产生的元组与元查询的元组树一样。

②用一个单参数选择 σ_C 替换双参数选择,其中 C 是一个条件表达式,其条件是 t 的分量与 S 中相应属性值相等。

③给 σ_C 一个单参数,即其子结点运算符"×",它为子结点 R 与 S 的积运算。

（3）查询优化

查询优化（query optimization）就是指在多个可供选择的执行策略和操作算法中选择一个高效执行的查询处理策略。查询优化有多种方法。按照优化的层次一般可分为代数优化和物理优化。代数优化主要依据关系代数的等价变换做一些逻辑变换；物理优化则是指存取路径和底层操作算法的选择，即根据数据读取、表连接方式、表连接顺序、排序等技术对查询进行优化。实际 RDBMS 中的查询优化器都综合运用了这些优化技术，以获得最好的查询优化效果。

事实上，通过语句翻译得到的关系代数表达式树就是一个关系表达式，它已经是一个初步的逻辑查询计划。我们知道，在转换成关系代数表达式或生成逻辑查询计划时，使用的是扩展的关系代数，原因是 SQL 和其他查询语言有一些不能用经典关系代数表达的特征，如"GROUP BY"（分组）"ORDER BY"（排序）"DISTINCT"（去掉重复）等。另外，传统的关系代数在最初设计时，假定关系是集合，其中无重复的元素。而 SQL 中的关系是"包"（bag），其中的元组可以重复出现多次。由此，要对传统的关系代数进行扩展，具体的操作符如下：

①"消去重复"操作符 δ。去掉关系中重复的元素，将包转换为集合。相当于 SQL 中 DISTINCT 的功能。

②"分组并聚集"操作符 γ_L。按 L 所列属性的值分组（每值一组）所有的元组，再按 L 中定义的聚集函数对各组进行计算，最后将分组属性的值与聚集属性计算结果值构成一个元组。所以分组与聚集通常一起优化。γ_L 相当于 SQL 中 GROUP BY 的功能。

③"排序"操作符 τ_L。它将所有元组按 L 所列的属性的值依次排序，相当于 SQL 中 ORDER BY 的功能。

另外，各种关系操作符的语义也有扩展，如使之能作用于包上、包含"重命名属性"等功能。

初步生成的逻辑查询计划并不是"最佳"的，还需要对它做一些工作,以便得到一个(被认为是)最佳的逻辑查询计划。

①利用各种优化查询的代数定律重写逻辑计划。

②同一查询(语法树)可以生成由不同的关系操作符顺序或组合表示的不同逻辑计划。

通过逻辑查询计划生成和优化后,可以认为获得了查询的一个高性能关系代数表达式。

(4)查询执行

依据优化器得到的执行策略生成查询计划,由代码生成器(code generator)生成执行这个查询计划的代码。

生成物理查询计划要做的主要工作为:

①确定实现每一关系代数操作的算法(基于排序、基于 Hashing 和基于索引)。按操作实现的复杂度来分,有一趟(从磁盘读一遍数据)、两趟(自磁盘读两遍数据)和多趟(读多遍磁盘数据)算法。要确定各操作的算法,其中最主要的是确定:

· SELECT 操作的算法,包括扫描、二分查找和通过索引查找,其中索引查找又可分为<主索引+关键字等值>法、<主索引+非关键字等值>法、<次索引+索引属性等值>法、<主索引+比较(<,>,=,≠等)>法、<次索引+比较>法等;使用的索引可以是单个,也可以是多个;可以用简单索引,也可使用复合索引。

· JOIN 操作的算法。实现连接操作的算法与缓冲区的使用有很大的关系。若已知道(或可估算)执行连接所需缓冲区的大小,则可分别应用相适应的排序连接。Hashing 连接或索引连接算法。若不知或不能确定所需缓冲区的大小,则可用一趟连接(假定缓冲区足够大)或嵌套循环连接算法。

· 排序操作的算法。排序对查询处理很重要,排序操作的算法也极大地依赖于缓冲区的大小,若缓冲区足够大,能容纳整个关系,则许多已开发的标准算法,如"快速排序"法,可以直接使用。若缓冲区容不下整个关系,则要采用所谓的"外排序"(external sorting),最常用的就是"外排序—合并"算法,其基本思想就是先依次地读取关系的一部分,并分别将其排序后存入若干临时文件,然后将各临时文件合并成一个。

②决定中间结果何时被"物化"(materializing,即实际存储到各磁盘上)、何时被"流水作业地传递"(pipelining,即直接传送给一操作,而不实际保存)。理想的物理查询计划是一个物理操作序列,一个操作的结果在内存中直接被传送到下一操作作为其输入,这就叫流水作业,然而,有时需要实际存储一个操作的结果,这就叫物化,它可以节省另一个(甚至一些)操作所需的时间和内存时间。还可以有介于流水作业与物化之间的中间法,就是内存(不是磁盘上)物化,这实际是流水作业式传递的一种。

③物理操作的确定与注释。物理查询计划由物理操作构成,每一操作实现计划中的一步。逻辑查询计划中的每一(扩展)关系代数操作都由特定物理操作来实现。物理查询计划中各个 DBMS 可能使用自己的不同操作。

·扫描操作。在逻辑查询计划树上的叶子,即作为操作数的关系,生成物理查询计划时,它们将由一个"扫描"操作代替,这种扫描操作可以有:RelScan(R),顺序地读入关系 R 的元组块;SortScan(R,L),顺序地读入关系 R 的元组,再按列表 L 中给出的属性的值排序;IndexScan(R,C),其中 C 形如 Aθc 的条件,A 是关系 R 的一个属性,θ 是一个比较操作符,C 是一个常数。该操作通过对 A 建立的索引自 R 中读取满足 C 条件的所有元组;IndexScan(R,A),A 是 R 的一个属性,通过对 R.A 建立的一个索引读取整个关系 R。该操作似乎与 RelScan(R)一样,但在 R 未被聚集和/或其块查找较麻烦时,对某些情况该操作会更有效些。

·选择的物理操作。对于关系代数操作 $\sigma_C(R)$,根据不同的情况使用不同的物理操作来实现:若 R 没有索引,或者没有关于条件 C 中出现的属性的索引,则使用 Filter(C)。此时,若 R 实际上是一个物化的中间结果或存储关系,则要先使用 RelScan(R)或 SortScan(R,L)来读取 R。其中,若 $\sigma_C(R)$ 的结果后面要被传递一个需要其变元排序的操作符,则使用 SortScan(R,L)较合适。若条件 C 能表示成 Aθc AND C′,并且有一个关于 R.A 的索引,则使用 IndexScan(R,Aθc)和 Filter (C′)来代替 $\sigma_C(R)$。

·物理排序操作。一个关系的排序可能发生在物理查询计划中的任何一点。在连接或分组操作中,当采用基于排序的算法时,则先要对变元排序;当实现 ORDER BY 子句或逻辑查询代数操作时,则可在物理查询计划的顶端进行排序操作。一般地,对于存储关系或物化的中间结果关系,可使用前面介绍的物理操作 SortScan(R,L)。但对于没有存储的操作数关系的排序,一般要用一个显式的物理排序操作 Sort(L)。

此外,需要注意,所有其他的关系代数操作都由一个适当的物理操作替代,并且给予一些注释,这些注释指明,如要执行的操作(连接、分组等)、必要的参数(连接中的条件、分组中的属性列表等)、所使用的算法的一般策略(基于排序、基于 Hashing 或基于索引的算法策略)、所有算法的实现策略(一趟、两趟或多趟的策略)、预计所需缓冲区数。

物理计划生成与优化是一个交替反复的过程,经多次反复后,当获得一个(被认为是)最优的物理查询计划,剩下要考虑的就是物理操作的顺序问题。

物理查询计划是以操作为结点的树的形式,而数据必须自叶结点沿着树向根流动,这就隐含着操作的顺序。下面是一个物理查询计划树中隐含事件的排序规则:在表示物化的边上将树分解为子树,然后将子树一次一棵地执行;对于整棵树,按前序遍历(即先下后上,先左后右)执行各子树,保证各子树按前序遍历退出的顺序依次执行;以迭代器网络来执行每一子树的所有结点,这样在一棵子树中的所有结点被同时执行,而以 GetNext 函数调用其中的操作符来决定事件的确切顺序。根据这个策略,现在可以最后生成查询的可执行代码,它也许就是一个函数调用序列。

物理计划的优化与生成过程是统一的。在上面的物理计划生成过程中,如何决定关系代数操作的实现算法、如何确定中间结果是物化还是流水作业、使用什么样的物理操作及注解等,其过程是反复的代价评估与选优的过程。物理计划的执行代价也是按其所需系统资源来度量,其中最主要的就是磁盘存取和 CPU 时间。为了进行有效的代价估算,必须使用有关的统计信息,要维护所涉及的关系 R 的有关信息,如存储的块数、元组的个数、元组的大小(字节数)、有关属性的不同值的个数(它决定作为 θ 连接和投影操作的结果关系的大小)。此外,还要维护有关索引的信息,如索引树的高度(层数)、索引的最低层的块数,以及缓冲区的大小等。

通过上述一系列处理后得到的最优物理查询计划由执行引擎具体执行。执行时向存储数据管理器发请求以获取相应的数据,依计划中给出的顺序执行各步操作;同时与事务管理器交互,以保证数据的一致性和可恢复性;最后输出查询结果。

3.2 代数优化

3.2.1 关系代数等价变换规则对优化的意义

关系代数是查询优化技术的理论基础。关系数据库基于关系代数。关系数据库的对外接口是 SQL 语句,所以 SQL 语句中的 DML、DQL 基于关系代数实现了关系的运算。

关系代数的运算符包括以下四类:

①传统集合运算符。并(UNION)、交(INTERSECTION)、差

(DIFFERENCE)、积(EXTENDED CARTESIAN PRODUCT)。

②专门的关系运算符。选择(SELECT)、投影(PROJECT)、连接(JOIN)、除(DIVIDE)。

③辅助运算符。用来辅助专门的关系运算符进行操作的,包括算术比较符和逻辑运算符。

④关系扩展运算符,如半连接(SEMIJOIN)、半差(SEMIDIFFER-ENCE)、扩展(EXTEND)、合计(COMPOSITION)、传递闭包(TCLOSE)等,这些操作符增强了关系代数的表达能力,但不常用。

用相同的关系代替两个表达式中相应的关系,所得到的结果是相同的,就可以说这两个关系代数表达式是等价的。两个关系表达式 E1 和 E2 是等价的,记为 E1≡E2。

查询语句可以表示为一棵二叉树,其过程为:首先是语法分析得到一棵查询树的过程;其次伴有语义分析等工作;再次是根据关系代数进行数据库的逻辑查询优化;最后是根据代价估算算法进行物理查询优化。优化后的结果被送到执行器执行。其中,叶子是关系;内部结点是运算符(或称算子、操作符,如 LEFT OUT JOIN),表示左右子树的运算方式;子树是子表达式或 SQL 片段;根结点是最后运算的操作符;根结点运算之后,得到的是 SQL 查询优化后的结果;一棵树就是一个查询的路径;多个关系连接,连接顺序不同,可以得出多个类似的二叉树;查询优化就是找出代价最小的二叉树,即最优的查询路径,每条路径的生成,包括了单表扫描、两表连接、多表连接顺序、多表连接搜索空间等技术;基于代价估算的查询优化就是通过计算和比较,找出花费最少的最优二叉树。

(1)从运算符的角度考虑优化

根据运算符的特点,可以对查询语句进行不同的优化,以减少中间生成物的大小和数量,节约 IO、内存等,从而提高执行速度。保证优化前和优化后语义的等价是优化的前提。

（2）从运算规则的角度考虑优化

运算符中考虑的子类型实则是部分考虑了运算符间的关系、运算符和操作数间的关系,其本质是运算规则在起作用。因此,仅仅考虑过关系代数运算规则对优化的作用是不完整的。

3.2.2 查询重写规则

查询重写是查询语句的一种等价转换,即对于任何相关模式的任意状态都会产生相同的结果。查询重写的依据是关系代数。关系代数的等价变换规则对查询重写提供了理论上的支持。查询重写后,查询优化器可能生成多个连接路径,可以从候选者中择优。查询重写有两个目标:将查询转换为等价的、效率更高的形式;尽量将查询重写为等价、简单且不受表顺序限制的形式,为物理查询优化阶段提供更多的选择。

查询重写是基于语法级、代数级、语义级的优化。可以将其统一归属到逻辑优化的范畴:基于代价估算模型是物理层面的优化,是从连接路径中选择代价最小的路径的过程。

查询重写技术优化思路主要包括:

①将过程性查询转换为描述性的查询,如视图重写。

②将复杂的查询(如嵌套子查询、外连接、嵌套连接)尽可能转换为多表连接查询。

③将效率低的谓词转换为等价的效率高的谓词(如等价谓词重写)。

④利用等式和不等式的性质,简化 WHERE、HAVING 和 ON 条件。

1. 子查询的优化

子查询作为查询语句中经常出现的一种操作类型,比较耗时。优化子查询对查询效率的提升有着直接的影响。从子查询出现在 SQL 语句的位置看,它可以出现在目标列、FROM 子句、WHERE 子句、

JOIN/ON 子句、GROUPBY 子句、HAVING 子句、ORDERBY 子句等
位置。

在数据库实现早期,查询优化器对子查询一般采用嵌套执行的
方式,即对父查询中的每一行,都执行一次子查询,这样子查询会执
行很多次,使得整个执行效率很低。而对子查询进行优化,可能带来
几个数量级的查询效率的提高。子查询转变成为连接操作之后,子
查询不用执行很多次;优化器可以根据统计信息来选择不同的连接
方法和不同的连接顺序;子查询中的连接条件、过滤条件分别变成了
父查询的连接条件、过滤条件,优化器可以对这些条件进行下推,以
提高执行效率。

子查询优化技术的思路主要分为三点:

①子查询合并(Subquery Coalescing)。在某些条件下(语义等价:
两个查询块产生同样的结果集),多个子查询能够合并成一个子查询
(合并后还是子查询,以后可以通过其他技术消除子查询)。这样可以
把多次表扫描、多次连接减少为单次表扫描和单次连接。

②子查询展开(Subquery Unnesting)。又称子查询反嵌套或子查
询上拉。把一些子查询置于外层的父查询中,作为连接关系与外层父
查询并列,其实质是把某些子查询重写为等价的多表连接操作(展开
后,子查询不存在了,外层查询变成了多表连接),这样有关的访问路
径、连接方法和连接顺序可能被有效使用,使得查询语句的层次尽可能
地减少。

③聚集子查询消除(Aggregate Subquery Elimination)。聚集函数
上推,将子查询转变为一个新的不包含聚集函数的子查询,并与父查询
的部分或者全部表做左外连接。通常,一些系统支持的是标量聚集子
查询消除。此外,利用窗口函数消除子查询的技术(Remove Subquery
using Window functions,RSW)、子查询推进(Push Subquery)等技术
可用于子查询的优化。

　　子查询展开是一种最为常用的子查询优化技术。子查询展开的具体步骤如下：

　　①将子查询和上层查询的 FROM 子句连接为同一个 FROM 子句，并且修改相应的运行参数。

　　②将子查询的谓词符号进行相应修改（如 IN 修改为＝ANY）。

　　③将子查询的 WHERE 条件作为一个整体与上层查询的 WHERE 条件合并，并用 AND 条件连接词连接，从而保证新生成的谓词与原谓词的上下文意思相同，且成为一个整体。

　　2. 视图重写

　　视图是数据库中基于表的一种对象，视图重写就是将对视图的引用重写为对基本表的引用。视图重写后的 SQL 多被作为子查询进行进一步优化。所有的视图都可以被子查询替换，但不是所有的子查询都可以用视图替换。这是因为，子查询的结果作为一个结果集，如果是单行单列（标量），则可以出现在查询语句的目标列；如果是多行多列，可以出现在 FROM、WHERE 等子句中。但即使是标量视图（视图等同于表对象），也不可以作为目标列单独出现在查询语句中。

　　3. 等价谓词重写

　　数据库执行引擎对一些谓词处理的效率要高于其他谓词，基于这点，把逻辑表达式重写成等价的且效率更高的形式，能有效提高查询执行效率。这就是等价谓词重写。

　　(1)LIKE 规则

　　LIKE 谓词是 SQL 标准支持的一种模式匹配比较操作，LIKE 规则是对 LIKE 谓词的等价重写，即改写 LIKE 谓词为其他等价的谓词，以更好地利用索引进行优化。应用 LIKE 规则的好处是：转换前针对 LIKE 谓词只能进行全表扫描，转换后可以进行索引范围扫描。

　　LIKE 其他形式还可以转换：LIKE 匹配的表达式中，若没有通配符(％或_),则与＝等价。

(2)BETWEEN-AND 规则

BETWEEN-AND 谓词是 SQL 标准支持的一种范围比较操作,BETWEEN-AND 规则是指 BETWEEN-AND 谓词的等价重写,即改写 BETWEEN-AND 谓词为其他等价的谓词,以更好地利用索引进行优化。

应用 BETWEEN-AND 规则的好处是:如果列上建立了索引,则可以用索引扫描代替原来 BETWEEN-AND 谓词限定的全表扫描,从而提高了查询的效率。

BETWEEN-AND 谓词的等价重写类似于 LIKE 谓词的等价重写。

(3)IN 转换 OR 规则

IN 是指 IN 操作符操作,不是 IN 子查询。IN 转换 OR 规则就是 IN 谓词的 OR 等价重写,即改写 IN 谓词为等价的 OR 谓词,以更好地利用索引进行优化。将 IN 谓词等价重写为若干个 OR 谓词,可能会提高执行效率。

应用 IN 转换 OR 规则后效率是否能够提高,需要看数据库对 IN 谓词是否只支持全表扫描。如果数据库对 IN 谓词只支持全表扫描且 OR 谓词中表的列上存在索引,则转换后查询效率会提高。

(4)IN 转换 ANY 规则

IN 转换 ANY 规则就是 IN 谓词的 ANY 等价重写,即改写 IN 谓词为等价的 ANY 谓词。因为 IN 可以转换为 OR,OR 可以转为 ANY,所以可以直接把 IN 转换为 ANY。将 IN 谓词等价重写为 ANY 谓词,可能会提高执行效率。

应用 IN 转换 ANY 规则后效率是否能够提高,依赖于数据库对于 ANY 操作的支持情况。PostgreSQL 没有显示支持 ANY 操作,但是在内部实现时把 IN 操作转换成了 ANY 操作。

（5）OR 转换 ANY 规则

OR 转换 ANY 规则就是 OR 谓词的 ANY 等价重写，即改写 OR 谓词为等价的 ANY 谓词，以更好地利用 MIN/MAX 操作进行优化。

OR 转换 ANY 规则依赖于数据库对于 ANY 操作的支持情况。PostgreSQL V9.2.3 和 MySQLV5.6.10 目前都不支持本条规则。

（6）ALL/ANY 转换集函数规则

ALL/ANY 转换集函数规则就是将 ALL/ANY 谓词改写为等价的聚集函数 MIN/MAX 谓词操作，以更好地利用 MIN/MAX 操作进行优化。

（7）NOT 规则

NOT 谓词的等价重写。如下：

NOT(col_1! ＝2)重写为 col_1＝2

NOT(col_1! ＝col_2)重写为 col_1＝col_2

NOT(col_1＝col_2)重写为 col_1! ＝col_2

NOT(col_1＜col_2)重写为 col_1＞＝col_2

NOT(col_1＞col_2)重写为 col_1＜＝col_2

NOT 规则重写的好处是：如果在 col_1 上建立了索引，则可以用索引扫描代替原来的全表扫描，从而提高查询的效率。

（8）OR 重写并集规则

OR 条件重写为并集操作。假设所有条件表达式的列上都有索引，数据库可能对 WHERE 语句强迫查询优化器使用顺序存取，因为这个语句要检索的是 OR 操作的集合。

4. 条件化简

WHERE、HAVING 和 ON 条件由许多表达式组成，而这些表达式在某些时候彼此之间存在一定的联系。利用等式和不等式的性质，可以将 WHERE、HAVING 和 ON 条件化简，但不同数据库的实现可能不完全相同。

将 WHERE、HAVING 和 ON 条件化简的方式通常包括如下几个：

①把 HAVING 条件并入 WHERE 条件，便于统一、集中化解条件子句，节约多次化解时间。

②去除表达式中冗余的括号，以减少语法分析时产生的 AND 和 OR 树的层次。

③常量传递。对不同关系可以使得条件分离后有效实施"选择下推"，从而可以极大地减小中间关系的规模。

④消除死码。化简条件，将不必要的条件去除。

⑤表达式计算。对可以求解的表达式进行计算，得出结果。

⑥化简条件（如反转关系操作符的操作数的顺序），从而改变某些表的访问路径。

⑦不等式变换。化简条件，将不必要的重复条件去除。

此外，还有布尔表达式变换，其变换规则为：谓词传递闭包；任何一个布尔表达式都能被转换为一个等价的合取范式（CNF）；索引的利用。

5. 外连接消除

外连接消除是查询优化器的主要功能之一。外连接操作可分为左外连接、右外连接和全外连接。连接过程中，外连接的左右子树不能互换，并且外连接与其他连接交换连接顺序时，必须满足严格的条件以进行等价变换。这种性质限制了优化器在选择连接顺序时能够考虑的表与表交换连接位置的优化方式。

查询重写的一项技术就是把外连接转换为内连接，通过转换使得查询优化器在处理外连接操作时所需执行的操作和时间多于内连接；优化器在选择表连接顺序时，可以有更多更灵活的选择，从而可以选择更好的表连接顺序，加快查询执行的速度；表的一些连接算法（如块嵌套连接和索引循环连接等）将规模小的或筛选条件最严格的表作为"外表"（放在连接顺序的最前面，是多层循环体的外循环层），可以减少不必要的 IO 开销，极大地加快算法执行的速度。

外连接可转换为内连接的条件：WHERE 子句中与内表相关的条件满足"空值拒绝"（reject-NULL 条件）。要满足空值拒绝一般认为需要满足下面任意一种情况：

①条件可以保证从结果中排除外连接右侧（右表）生成的值为 NULL 的行（即条件确保应用在右表带有空值的列对象上时，条件不满足，条件的结果值为 FLASE 或 UNKOWEN，这样右表就不会有值为 NULL 的行生成），所以能使该查询在语义上等效于内连接。

②外连接的提供空值的一侧（可能是左侧的外表也可能是右侧的内表）为另一侧的每行只返回一行。如果该条件为真，则不存在提供空值的行，并且外连接等价于内连接。

6. 嵌套连接消除

多表连接有时会存在嵌套的情况。对于一个无嵌套的多表连接，表之间的连接次序是可以交换的，这样能灵活求解不同连接方式的花费，进而得到最小花费的连接方式。而嵌套连接则不能够利用交换表的位置而获得优化。

当执行连接操作的次序不是从左到右逐个进行时，就说明这样的连接表达式存在嵌套。

由此，我们可以总结为：如果连接表达式只包括内连接，括号可以去掉，这意味着表之间的次序可以交换，这是关系代数中连接的交换律的应用。如果连接表达式包括外连接，括号不可以去掉，意味着表之间的次序只能按照原语义进行，至多能执行的就是外连接向内连接转换的优化。

7. 连接消除

根据不同分类角度，连接可以分成很多种。有的连接类型可能有特定的优化方式(如外连接可优化)。有的则在某些特殊的情况下,可能存在一些连接,这些连接中的连接对象可以被去掉(因为这样的连接对象存在只会带来连接计算的耗费,而对连接结果没有影响),所以这类连接存在优化的可能,其中的一些连接是可以消除掉的。

上面提到的某些特殊的情况主要为下面几种:

①主外键关系的表进行的连接,可消除主键表,这不会影响对外键表的查询。

②唯一键作为连接条件,三表内连接可以去掉中间表(中间表的列只作为连接条件)。

③其他一些特殊形式,可以消除连接操作(可消除的表除了作为连接对象外,不出现在任何子句中,创建表的语句参见①)。

8. 语义优化

因为语义的原因,使得 SQL 可以被优化。语义优化常见的方式如下:

①连接消除(Join Elimination)。对一些连接操作先不必评估代价,根据已知信息(主要依据完整性约束等,但不全是依据完整性约束)能推知结果或得到一个简化的操作。

②连接引入(Join Introduction)。增加连接有助于原关系变小或原关系的选择率降低。

③谓词引入(Predicate Introduction)。根据完整性约束等信息引入新谓词,如引入基于索引的列,可能使得查询更快。

④检测空回答集(Detecting the Empty Answer Set)。查询语句中的谓词与约束相悖,可以推知条件结果为 FALSE,也许最终的结果集能为空。

⑤排序优化(Order Optimizer)。ORDERBY 操作通常由索引或排序(sort)完成;如果能够利用索引,则排序操作可省略。另外,结合分组等操作,考虑 ORDERBY 操作的优化。

⑥唯一性使用(Exploiting Uniqueness)。利用唯一性、索引等特点,检查是否存在不必要的 DISTINCT 操作,如在主键上执行 DISTINCT 操作,若有则可以把 DISTINCT 消除掉。

9. 针对非 SPJ 的优化

如果查询中包含 GROUPBY 子句,那么这种查询就称为非 SPJ 查询。现在,决策支持系统、数据仓库、OLAP 系统的应用日益广泛,SQL 语句中的 GROUPBY、聚集函数、WINDOWS 函数(分析函数)等成为 SQL 语言的重要特性,被应用广泛。

(1)GROUPBY 优化

对于 GROUPBY 的优化,可考虑分组转换技术,即对分组操作、聚集操作与连接操作的位置进行交换。常见的方式如下:

①分组操作下移。GROUPBY 操作可能较大幅度地减少关系元组的个数,如果能够对某个关系先进行分组操作,然后再进行表之间的连接,很可能提高连接效率。这种优化方式是把分组操作提前执行。下移的含义,是在查询树上让分组操作尽量靠近叶子结点,使得分组操作的结点低于一些选择操作。

②分组操作上移。如果连接操作能够过滤掉大部分元组,则先进行连接后进行 GROUPBY 操作,可能提高分组操作的效率。这种优化方式是把分组操作置后执行。

(2)ORDERBY 优化

ORDERBY 优化需要考虑的方面如下:

①排序消除(Order By Elimination,OBYE)。优化器在生成执行计划前,将语句中没有必要的排序操作消除(如利用索引),避免在执行计划中出现排序操作或由排序导致的操作(如在索引列上排序,可以利用索引消除排序操作)。

②排序下推(Sort push down)。把排序操作尽量下推到基表中,有序的基表进行连接后的结果符合排序的语义,这样能避免在最终的

大的连接结果集上执行排序操作。

（3）DISTICT 优化

DISTICT 优化需要考虑的方面如下：

①DISTINCT 消除（Distinct Elimination）。如果表中存在主键、唯一约束、索引等，则可以消除查询语句中的 DISTINCT（这种优化方式，在语义优化中也涉及，本质上是语义优化研究的范畴）。

②DISTINCT 推入（Distinct Push Down）。生成含 DISTINCT 的反半连接查询执行计划时，先进行反半连接再进行 DISTINCT 操作，也可先执行 DISTICT 操作再执行反半连接更优，这是利用连接语义上确保唯一功能特性进行 DISTINCT 的优化。

③DISTINCT 迁移（Distinct Placement）。对连接操作的结果执行 DISTINCT，可能把 DISTINCT 移到一个子查询中优先进行。

3.2.3　启发式规则在逻辑优化阶段的作用

逻辑优化阶段使用的启发式规则如表 3-1 所示。

表 3-1　逻辑优化阶段使用的启发式规则

作用	逻辑优化阶段使用的启发式规则
一定能带来优化效果的	优先做选择和投影（连接条件在查询树上下推） 子查询的消除 嵌套连接的消除 外连接的消除 连接的消除 使用等价谓词重写对条件化简 语义优化 剪掉冗余操作（一些剪枝优化技术）、最小化查询块

作用	逻辑优化阶段使用的启发式规则
变换未必会带来性能的提高,需根据代价选择	分组的合并 借用索引优化分组、排序、DISTINCT 等操作 对视图的查询变为基于表的查询 连接条件的下推 分组的下推 连接提取公共表达式 谓词的上拉 用连接取代集合操作 用 UNIONALL 取代 OR 操作

3.3   物理优化

物理优化阶段的查询优化器主要用于解决下列问题:从可选的单表扫描方式中,挑选什么样的单表扫描方式是最优的?对于两个表连接时,如何连接是最优的?对于多个表连接,连接顺序有多种组合,哪种连接顺序是最优的?对于多个表连接,连接顺序有多种组合,是否要对每种组合都探索?如果不全部探索,怎么找到最优的一种组合?

3.3.1   查询代价的估算

查询代价估算的重点是代价估算模型,这是物理查询优化的依据。此外,选择率也是很重要的一个概念,对代价求解起着重要作用。

1. 代价模型

查询代价估算基于 CPU 代价和 IO 代价,代价模型的计算公式可表示为:

$$总代价＝IO 代价＋CPU 代价$$
$$COST＝P * a\_page\_cpu\_time＋W * T$$

式中,P 为计划运行时访问的页面数;a_page_cpu_time 是每个页面读取的时间花费,其乘积反映了 IO 花费;T 为访问的元组数,反映了 CPU 花费;W 为权重因子,表明 IO 到 CPU 的相关性,又称选择率(selectivity)。

2. 选择率的计算

选择率的精确程度直接影响最优计划的选取。选择率计算方法如下:

①无参数方法(Non-Parametric Method)。使用 ad hoc 数据结构或直方图维护属性值的分布,最常用的是直方图方法。

②参数法(Parametric Method)。使用具有一些自由统计参数(参数是预先估计出来的)的数学分布函数逼近真实分布。

③曲线拟合法(Curve Fitting)。为克服参数法的不灵活性,用一般多项式和标准最小方差来逼近属性值的分布。

④抽样法(sampling)。从数据库中抽取部分样本元组,针对这些样本进行查询,然后收集统计数据,只有足够的样本被测试之后,才能达到预期的精度。

⑤综合法。将以上几种方法结合起来,如抽样法和直方图法结合。

3.3.2　单表扫描算法及扫描代价的计算

由于单表扫描是从表上获取元组,直接关联到物理 IO 的读取,因此不同的单表扫描方式,有不同的代价。

1. 单表扫描算法

单表扫描是完成表连接的基础。对于单表数据的获取,全表扫描表数据和局部扫描表数据是其常用方式。对于全表扫描,通常采取顺序读取的算法。为了提高表扫描的效率,有很多算法和优化方式被提出来。单表扫描和 IO 操作密切相关,所以很多算法在 IO 上倾注精力。

单表扫描算法主要有:顺序扫描(SeqScan)、索引扫描(IndexScan)、只读索引扫描(IndexOnlyScan)、并行表扫描(ParallelTableScan)、并行索引扫描(ParallelIndexScan)、组合多个索引扫描、行扫描(RowldScan)。

对于局部扫描,根据数据量的情况和元组获取条件,可能采用顺序读取或随机读取存储系统的方式。选择率在这种情况下会起一定作用。如果选择率的值很大,意味着采取顺序扫描方式可能比局部扫描随机读的方式效率更高。对于大表,顺序扫描会一次读取多个页,这将进一步降低顺序表扫描的开销。局部扫描通常采用索引实现少量数据的读取优化。这是一种随机读取数据的方式。虽然顺序表扫描可能会比读取许多行的索引扫描花费的时间少,但如果顺序扫描被执行多次,且不能有效地利用缓存,则总体花费巨大。索引扫描访问的页面可能较少,而且这些页很可能会保存在数据缓冲区,访问的速度会更快。所以,对于重复的表访问(如嵌套循环连接的右表),采用索引扫描比较好。

选择哪种扫描方式,查询优化器在采用代价估算比较代价的大小后才决定。有的系统对于随机读采取了优化措施,即把要读取的数据的物理位置排序,然后一批读入,保障了磁盘单向一次扫描即可获取一批数据,提高了 IO 效率。

并行操作时可能因不同隔离级别的要求,需要解决数据一致性的问题。如可串行化的处理,需要在表级加锁或者表的所有元组上加锁,这是因为索引扫描只在满足条件的元组上加锁,所以索引扫描在多用户环境中可能会比顺序扫描效率高。查询优化器在此种情况下倾向于选择索引扫描,这是一条启发式优化规则。

2. 单表扫描代价计算

因单表扫描需要把数据从存储系统中调入内存,所以单表扫描的代价需要考虑 IO 的花费。顺序扫描,主要是 IO 花费加上元组从页面中解析的花费;索引扫描和其他方式的扫描,由于元组数不是全部元组,需要考虑选择率的问题。

(1)顺序扫描

$N\_page * a\_tuple\_IO\_time + N\_tuple * a\_tuple\_CPU\_time$

(2)索引扫描

$C\_index + N\_page\_index * a\_tuple\_IO\_time$

式中,N_page 数据页面数;$a\_tuple\_IO\_time$ 一个页面的 IO 花费;N_page_index 索引页面数;$a\_tuple\_CPU\_time$ 一个元组从页面中解析的 CPU 花费;N_tuple 元组数;C_index 索引的 IO 花费;$C\_index = N\_page\_index \times a\_tuple\_IO\_time$;$N\_tuple\_index$ 索引作用下的可用元组数;$N\_tuple\_index = N\_tuple \times$ 索引选择率。

3.3.3　影响索引使用的因素

索引是建立在表上,通过索引直接定位表的物理元组,利用索引能够提高查询效率,加快数据获取。

1. 利用索引

通常查询优化器使用索引的原则为:

①索引列作为条件出现在 WHERE、HAVING、ON 子句中,这样有利于利用索引过滤元组。

②索引列是被连接的表(内表)对象的列且存在于连接条件中。除了上述的两种情况外,还有一些特殊情况可以使用索引,如排序操作、在索引列上求 MIN、MAX 值等。

对表做查询,没有列对象作为过滤条件(如出现在 WHERE 子句中),只能顺序扫描,有列对象且索引列作为过滤条件,可做索引扫描,有列对象作为过滤条件,但索引列被运算符"-"处理,查询优化器不能在执行前进行取反运算,不可利用索引扫描,只能做顺序扫描。有列对象作为过滤条件,且目标列没有超出索引列,可做只读索引扫描,这种扫描方式比单纯的索引扫描的效率更高。有索引存在,但选择条件不包括索引列对象,只能使用顺序扫描。有索引存在,选择条件包括索引列对象,可使用索引扫描,对选择条件中不存在索引的列作为过滤器被使用。有索引存在,选择条件包括索引列对象,但索引列对象位于一个表达式中,参与了运算,不是"key=常量"格式,则索引不可使用,只能是顺序扫描。有索引列对象作为过滤条件,操作符是范围操作符>或<,可做索引扫描。有索引列对象作为过滤条件,操作符是范围操作符<>,不可做索引扫描。有索引列对象作为过滤条件,操作符是范围操作符 BETWEEN-AND,可做索引扫描。

对于索引列,索引可用的条件为:

①在 WHERE、JOIN/ON、HAVING 的条件中出现"key<op>常量"格式的条件子句(索引列不能参与带有变量的表达式的运算)。

②操作符不能是<>操作符(不等于操作符在任何类型的列上不能使用索引,可以认为这是一个优化规则,在这种情况下,顺序扫描的效果通常好于索引扫描)。

③索引列的值选择率越低,索引越有效,通常认为选择率小于 0.1 则索引扫描效果会好一些。

2. 索引列的位置对使用索引的影响

在查询语句中,索引列出现在不同的位置,对索引的使用有着不同的影响。

(1)对目标列、WHERE 等条件子句的影响

索引列出现在目标列,通常不可使用索引(但不是全部情况都不能使用索引)。索引列出现在目标列,对查询语句的优化没有好的影响。

聚集函数 MIN/MAX 用在索引列上,出现在目标列,可使用索引。索引列出现在 WHERE 子句中,可使用索引。索引列出现在 JOIN/ON 子句中,作为连接条件,不可使用索引。在过滤元组的条件中快速定位元组可以用索引,做连接条件的元组定位不一定用索引(代价估算决定哪种扫描方式最优)。索引列出现在 JOIN/ON 子句中,作为限制条件满足"key<op>常量"格式可用索引。

(2)对 GROUPBY 子句的影响

索引列出现在 GROUPBY 子句中,不触发索引扫描,WHERE 子句出现索引列,且 GROUPBY 子句出现索引列,索引扫描被使用。WHERE 子句中出现非索引列,且 GROUPBY 子句出现索引列,索引扫描不被使用。

(3)对 HAVING 子句的影响

索引列出现在 HAVING 子句中与出现在 WHERE 子句中类似,是否能够使用索引,要看具体情况。WHERE 子句中出现非索引列,且 GROUPBY 和 HAVING 子句出现索引列,索引扫描被使用。

(4)对 ORDERBY 子句的影响

索引列出现在 ORDERBY 子句中,可使用索引。ORDERBY 子句中出现非索引列不可使用索引扫描。

(5)对 DISTINCT 的影响

索引列出现在 DISTINCT 子句管辖的范围中,与索引没有关联。DISTINCT 子句管辖范围内出现索引列,因 WHERE 子句内使用索引列,故其可使用索引扫描。

3. 联合索引对索引使用的影响

使用联合索引的全部索引键,可触发索引的使用。使用联合索引的前缀部分索引键,可触发索引的使用;使用部分索引键,但不是联合索引的前缀部分,不可触发索引的使用。使用联合索引的全部索引键,但索引键不是 AND 操作,不可触发索引的使用。

4. 多个索引对索引使用的影响

WHERE 条件子句出现两个可利用的索引,优选最简单的索引。WHERE 条件子句出现两个可利用的索引且索引键有重叠部分,优选最简单的索引。

3.3.4　两表及多表连接算法

连接运算是关系代数的一项重要操作,多个表连接是建立在两表之间连接的基础上的。研究两表连接的方式,对连接效率的提高有着直接的影响。

1. 基本的两表连接算法

基本的两表连接算法主要有嵌套循环连接算法、归并连接算法、Hash 连接算法等。

(1)嵌套循环连接算法

两表做连接,采用的最基本算法是嵌套循环连接算法。数据库引擎在实现该算法的时候,以元组为单位进行连接。元组是从一个内存页面获取来的,而内存页面是从存储系统通过 IO 操作获得的,每个 IO 申请以"块"为单位尽量读入多个页面。所以,如果考虑获取元组的方式,则可以改进嵌套循环连接算法,改进后的算法称为基于块的嵌套循环连接算法。

无论是嵌套循环连接还是基于块的嵌套循环连接,其本质都是在一个两层的循环中拿出各自的元组,逐一匹配是否满足连接条件。其他一些两表连接算法,多是在此基础上进行的改进。如基于索引做改进,在考虑了聚簇和非聚簇索引 e 的情况下,如果内表有索引可用,则可以加快连接操作的速度。另外,如果内层循环的最后一个块使用后作为下次循环的第一个块,则可以节约一次 IO。如果外层元组较少,内层的元组驻留内存多一些(如一些查询优化器采用物化技术固化内层的元组),则能有效提高连接的效率。

嵌套循环连接算法和基于块的嵌套循环连接算法适用于内连接、左外连接、半连接、反半连接等语义的处理。

(2)排序归并连接算法

排序归并连接算法又称归并排序连接算法,简称归并连接算法。这种算法的步骤是:

①为两个表创建可用内存缓冲区数为 M 的 M 个子表,将每个子表排好序。

②读入每个子表的第一块到 M 个块中,找出其中最小的先进行两个表的元组的匹配,找出次小的匹配……。

③依此类推,完成其他子表的两表连接。

归并连接算法要求内外表都是有序的,所以对于内外表都要排序。如果连接列是索引列,可以利用索引进行排序。归并连接算法适用于内连接、左外连接、右外连接、全外连接、半连接、反半连接等语义的处理。

(3)Hash 连接算法

基于 Hash 的两表连接算法有多种,常见的有 3 种:

①用连接列作为 Hash 的关键字,对内表进行 Hash 运算建立 Hash 表,然后对外表的每个元组的连接列用 Hash 函数求值,值映射到内表建立好的 Hash 表就可以连接了;否则,探索外表的下一个元组。这样的 Hash 连接算法称为简单 Hash 连接(Simple Hash Join,SHJ)算法。

②如果把内表和外表划分成等大小的子表,然后对外表和内表的每个相同下标值的子表进行 SHJ 算法的操作,可以避免因内存小反复读入内外表的数据的问题。这样的改进算法称为优美 Hash 连接(Grace Hash Join,GHJ)算法。

③结合了 SHJ 和 GHJ 算法的优点的混合 Hash 连接(Hybrid

Hash Join,HHJ)算法。HHJ 算法是把第一个子表保存到内存不刷出,如果内存很大,则子表能容纳更大量的数据,效率接近于 SHJ。

Hash 类的算法都可能存在 Hash 冲突,如 GHJ 算法,当内存小或数据倾斜(不能均衡地分布到 Hash 桶,Hash 处理后集中在少量桶中)时,通过把一个表划分为多个子表的方式,仍然不能消除反复读入的内外表数据的问题(称为"分区溢出")。

Hash 连接算法只适用于数据类型相同的等值连接。Hash 连接需要存储 Hash 元组到 Hash 桶,要求较大的内存。如果表中连接列值重复率很高不能均匀分布,相同值的元组映射到少数几个桶中,Hash 连接算法效率就不会高。Hash 算法要求内表不能太大,通常查询优化器申请一段内存存放 Hash 表,如果超出且不能继续动态申请,则需要写临时文件,这会导致 IO 的颠簸(PostgreSQL 存在此类问题)。

Hash 连接算法适用于内连接、左外连接、右外连接、全外连接、半连接、反半连接等语义的处理。

2. 两表连接算法和索引及趟数的关系

从内存的容量角度看,两表连接算法可以分为一趟算法、两趟算法,甚至多趟算法。所谓"趟"是指从存储系统获取全部数据的次数。一趟算法因内存空间能容纳下全部数据,所以读取一次即可。两趟算法的第一趟从存储系统获取两表的数据,如做排序等处理后,再写入外存的临时文件;第二趟重新读入临时文件进行进一步处理(有的算法对其中一个表的元组只读取一次即可,属于一趟,因此两趟算法变为一趟半,但依然称为两趟算法)。多趟算法的思想和两趟算法基本相同,用以处理更大量的数据。趟数是一种方式,不是算法思想的改进,是代码实现中为减少 IO 所做的改进工作。

(1)嵌套连接

趟数:一趟。

①支持用索引改进算法。

②对外表 R 的每一个元组,如果 r 的值可作为 S 连接列上的索引键值,用索引扫描 S 的元组,与 r 判断是否匹配。

(2)基于 Hash

趟数:一趟。

①不支持用索引改进算法。

②一趟读入 S 的数据,根据连接条件构造 Hash,把元组散列到桶中;对于 R,读入一部分到缓冲区,对读入的每个元组散列,如果有同样散列值的桶已经在读入 S 的过程中构造出来,则可进行连接;以此类推,逐步把 R 的其他部分读入缓存的同样方式处理。

(3)基于排序

趟数:两趟。

①支持用索引改进算法。

②第一趟,利用索引进行内外表的排序;第二趟,读入两个表排序的数据进行连接

3. 连接操作代价计算

连接操作花费 CPU 资源。从理论的角度分析,连接操作的代价估算原理如下:

(1)嵌套循环连接

其代价估算公式如下:

①基本的嵌套循环连接:C-outer＋C-inner

②内表使用索引改进嵌套循环连接:C-outer＋C-inner-index

(2)归并连接

其代价估算公式如下:

①基本的归并连接:C-outer＋C-inner＋C-outersort＋C-innersort

②内外表使用索引,只影响排序,C-outersort、C-innersort 可能变化

(3)Hash 连接

C-createhash＋(N-outer * N-inner * 选择率) * a_tuple_cpu_time

4. 多表连接算法

多表连接算法实现的是在查询路径生成的过程中,根据代价估算,从各种可能的候选路径中找出最优的路径(最优路径是代价最小的路径)。多表连接算法需要解决两个问题:

①多表连接的顺序:表的不同的连接顺序,会产生许多不同的连接路径;不同的连接路径有不同的效率。

②多表连接的搜索空间:因为多表连接的顺序不同,产生的连接组合会有多种,如果这个组合的数目巨大,连接次数会达到一个很高的数量级,最大可能的连接次数是 N!(N 的阶乘)。

(1)多表连接顺序

多表间的连接顺序表示了查询计划树的基本形态。一棵树就是一种查询路径,SQL 的语义可以由多棵这样的树表达,从中选择花费最少的树,就是最优查询计划形成的过程。而一棵树包括左深连接树、右深连接树、紧密树(1990 年,Schneder 等在研究查询树模型时提出了左深树 left deep trees、右深树 right deep trees 和紧密树 bushy trees)3 种形态,如图 3-1 所示。

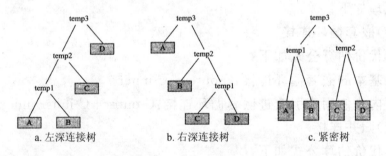

a. 左深连接树　　　b. 右深连接树　　　c. 紧密树

图 3-1　三种树的形态

左深树将从最下面的左子树 A 起,进行 AB 连接,连接后得到新的中间关系 temp1,再和 C 连接,生成新的中间关系 temp2,temp2 和 D 连接得到最终的连接路径 temp3(如图 3-1a 所示)。右深树的连接方式是从最右子树 D 开始,一直连接到 A 为止(如图 3-1b 所示)。而紧密树是 AB 连接生成 temp1、CD 连接 temp2,之后 temp1 和 temp2 连接得到 temp3(如图 3-1c 所示)。不同的连接顺序,会生成不同大小的中间关系,这意味着 CPU 和 IO 消耗不同,所以 PostgreSQL 中会尝试多种连接方式存放到 path 上,以找出花费最小的路径。

此外,对于同一种树的生成方式,还是有很多细节需要考虑的。在图 3-1a 中,{A,B}和{B,A}两种连接方式花费可能不同。比如最终连接结果是{A,B,C},但是需要验证是{A,B,C}、{A,C,B}、{B,C,A}、{B,A,C}、{C,A,B}、{C,B,A}中哪一个连接方式得到的结果,这就要求无论是哪种结果,都需要计算这 6 种连接方式中每一种的花费,找出最优的一种作为下次和其他表连接的依据。

人们针对以上树的形成、形成的树的花费代价最少的,提出了诸多算法。树的形成过程,主要有两种策略:

①至顶向下。从 SQL 表达式树的树根开始,向下进行,估计每个结点可能的执行方法,计算每种组合的代价,从中挑选最优的。

②自底向上。从 SQL 表达式树的树叶开始,向上进行,计算每个子表达式的所有实现方法的代价,从中挑选最优的,再和上层(靠近树根)的进行连接,周而复始直至树根。在数据库实现中,多数数据库采取了第②种方式——自底向上,构造查询计划树。

(2)多表连接算法

表与表进行连接,对多表连接进行搜索查找最优查询树,通常有多种算法,比如动态规划、启发式、贪婪、System R、遗传算法等。

①动态规划。最早用以表述通过遍历寻找最优决策解问题。"动态规划"将待求解的问题分解为若干个子问题(子阶段),按顺序求解子问题,前一子问题的解为后一子问题的求解提供了有用的信息。在求解任一子问题时,列出各种可能的局部解,通过决策保留那些有可能达到最优的局部解,丢弃其他局部解。依次解决各子问题,最后一个子问

题就是初始问题的解。

②启发式算法(heuristic algorithm)。相对于最优化算法提出的,是一个基于直观或经验构造的算法。在数据库的查询优化器中,启发式一直贯穿于整个查询优化阶段,在逻辑查询优化阶段和物理查询优化阶段,都有一些启发规则可用。常用的启发式规则分别是逻辑查询优化阶段可用的优化规则和物理查询优化阶段可用的优化规则。

③贪婪(greedy)算法。又称贪心算法。在对问题求解时,贪婪算法总是做出在当前看来是最好的选择,而这种选择是局部最优。局部最优不一定是整体最优,所以贪婪算法不从整体最优上加以考虑,省去了为找最优解要穷尽所有可能而必须耗费的大量时间(这点正是动态规划算法所做的事情),得到的是局部最优解。MySQL 查询优化器求解多表连接时采用了这种算法。

④System R 算法。对自底向上的动态规划算法进行了改进,主要的思想是把子树查询计划的最优查询计划和次优的查询计划保留,用于上层的查询计划生成,以便使得查询计划总体上最优。

⑤遗传算法(Genetic Algorithm,GA)。是美国学者 Holland 于1975 年首先提出来的。它是一种启发式的优化算法,是基于自然群体遗传演化机制的高效探索算法。他抛弃了传统的搜索方式,模拟自然界生物进化过程,采用人工进化的方式对目标空间进行随机化搜索。它将问题域中的可能解看作是群体的一个个体(染色体),并将每一个个体编码成符号串形式,模拟达尔文的遗传选择和自然淘汰的生物进化过程,对群体反复进行基于遗传学的操作(选择、交叉、变异),根据预定的目标适应度函数对每个个体进行评价,依据"适者生存,优胜劣汰"的进化规则,不断得到更优的群体,同时以全局并行搜索方式来搜索优化群体中的最优个体,求得满足要求的最优解。

遗传算法可以有效地利用已经有的信息处理来搜索那些有希望改善解质量的串,类似于自然进化,遗传算法通过作用于"染色体"上的

"基因",寻找好的"染色体"来求解问题(对算法所产生的每个"染色体"进行评价,并基于适应度值来改造"染色体",使适用性好的"染色体"比适应性差的"染色体"有更多的"繁殖机会")。

除上述算法外,还有其他的一些算法,都可以用于查询优化多表连接的生成,如爬山法、分支界定枚举法、随机算法、模拟退火算法或多种算法相结合等。

第4章 关系数据库中数据的控制

为了确保数据库的安全可靠性和正确有效,数据库管理系统必须提供统一的数据保护功能,数据保护即为数据控制,它包括安全性控制、完整性控制、事务控制、并发控制和恢复。

4.1 安全性控制

对数据库存取权力的控制即为数据安全性控制,防止非法操作数据库中的数据为其目的所在。存取权控制包括权力的授予、检查和撤销。数据库管理员(DBA)或特定应用人员使用权力授予和撤销命令。相应用户只有通过认证有权在相应数据上进行所要求的操作时系统才对数据库进行相应操作。

4.1.1 授权

SQL 使用 GRANT 语句向指定用户授予指定的权力,它的格式如下:

GRANT<权力表>ON<数据元素>TO<用户表>
　　　　　　[WITH GRANT OPTION]

<权力表>权力主要包括:

①对关系的 SELECT、INSERT、DELETE 和 UPDATE,此处关系可为基本关系或视图。

②对持久性存储模块(PSM)过程或函数的 EXECUTE。

③完整性约束条件下引用关系的 REFERENCE 模式的 USAGE。

④关系上 TRIGGER 的使用。

⑤创建给定类型的子类的 UNDER 权力。[①]

授予所有的权力采用 ALL PRIVILEGE 表示。关于 UPDATE 权力,如果仅仅授权某些属性,此时一定要紧接其后将这些属性列在括号中,否则对指名关系的一切属性都有 UPDATE 权力。

<数据元素>通常指明一个关系。

<用户表>中列出被授权的一组用户 ID,ID:PUBLIC 代表所有用户,其为一个特殊的用户。

其中 WITH GRANT OPTION 为任选项,如果选择了,那么此时被授权者具有可将获得的相应权力转授给其他用户的权力,如果没有选择该项,此时则没有转授权。

例 4.1 授予用户 U_1 修改学生所修课程成绩登记的权力,并且该权力不能转授给他人。

GRANT UPDATE(Grade)ON Enroll TO U_1

例 4.2 对关系 Student 的查询与插入权授予 Y. Liu 和王大华,并且他们具有将该权力转授给他人的权力;大家允许查看 Course 关系。

GRANT SELECT,INSERT ON Student TOY. Liu,王大华;

WITH GRANT OPTION;

GRANT SELECT ON Course TO PUBLIC

4.1.2 建权

权力拥有者可通过授权把自己拥有的权力授予他人即授权,思考下最初的权力拥有者的权力又是从何处获得的呢?

下面我们就讨论下权力的创建问题。

---

① 刘云生. 数据库系统分析与实现. 北京:清华大学出版社,2009

SQL 对象,如模式、模块都有一个属主(owner),这里属主拥有其所有对象的一切权力。在 SQL 中建立属主身份有三种方式。

(1)模式创建

创建者拥有对它们的一切可能的权力,其原因在于模式及其所有的关系和其他模式元素的所有权都属于其创建者。

(2)会话连接

SQL 模块是指包括了 SQL 语句的应用程序。在像 ODBC 或 JDBC 的应用中,用户要执行模块从而实现对 SQL 数据库的操作,必须先建立其与 SQL 数据库的一个"连接"(connection),连接有效时,执行的 SQL 操作就构成一个所谓"会话"(conversation)。用户与数据库之间交往的两侧面是指会话与其连接,所以它们具有两个特点:自动同态、自动同变。会话连接时,以 AUTHORIZATION 子句指定其属主,其格式为:

CONNECT TO<服务器名>AS<连接名>

AUTHORIZATION<用户名和口令>

(3)模块创建

SQL 模块有交互式语句、嵌入式程序和标准过程(函数)三种类型。创建模块时,属主用 AUTHORIZATION 子句指定。如果属主没有指定,那么它可被公用,然而使用者必须通过别的途径获得操作所需的权限。

4.1.3 收权

收权是指收回被授予的权力。当用户 U_1 自用户 U_2 收回权力 P 后,由 U_2 授权给 U_3 的权力 P 也自动收回,此时发生了收权连锁反应,注意,这并不意味 U_2、U_3 就不再具有权力 P,其原因在于 U_2、U_3 还可能从别的用户那授权到同样的权力,U_1 收回的仅仅是它发出及被转授的那个权力 P。

下面给出收权的一般格式：

REVOKE＜权力表＞ON＜数据元素＞FROM＜用户表＞

[CASCADE| RESTRICT]

其中 CASCADE 或 RESTRICT 可任选一个，或一个都不选。连锁回收通过 CASCADE 指明；RESTRICT 则表示：要该权力回收成功，则它不能引起连锁回收。

例 4.3　对于例 4.2,收回 Y. Liu 的插入权及其转授权：

REVOKE INSERT ON Student FROM Y. Liu CASCADE

此外,还可以不收回权力本身,而只收回权力的转授权,例如:RE-VOKE GRANT OPTION FOR INSERT ON Student FROM Y. Liu

4.2　完整性控制

完整性控制即关于数据库模式指定的条件,它限定能够存储到数据库中的数据。

完整性控制包括以下两个方面：

①定义模式时说明完整性限制。

②进行完整性检验。

DBMS 完成完整性检验；说明完整性限制则要求 DDL 的相应说明能力,在这方面 SQL 提供了较强的支持。

接下来我们以 SQL-92 为例,说明对各种关系数据库完整性限制的表示。

4.2.1　关键字限制

关键字限制表示实体完整性。SQL 以 UNIQUE 来说明（候选）关键字,以 PRIMARYKEY 说明主关键字。例如：

CREATE TABLE Student

(S♯CHAR(20))

name CHAR(10)

age INTEGER

haddr CHAR(20))

UNIQUE(name,haddr)

CONSTRAINT Student-Key PRIMARY KEY(S♯))

这个定义指明 S♯ 和属性集(name,haddr)为关系 Student 的两个关键字,其中主关键字为 S♯。可将子句[CONSTRAINT<限制名>]放在主关键字 S♯ 前面来命名该限制,其原因在于:当该限制被违反时,此时则返回该限制名,从而可以用来标识这种错误。该项为任选项。

4.2.2　外来关键字限制

外来关键字限制表示引用完整性。SQL 以 FOREIGN KEY 来说明,例如:

CREATE TABLE Enroll

(C♯CHAR(10))

S♯CHAR(20))

Grade INTEGER

PRIMARY KEY(C♯,S♯)

FOREIGN KEY(S♯)REFERENCES Student)

4.2.3　属性值限制

一种最基本的完整性限制就是关于一个属性所能取的值的限制。SQL 提供了 NOT-NULL、基于属性的 CHECK 限制和值域限制三种形式的属性值限制。

(1)NOT-NULL

NOT-NULL 为一种关于属性的简单限制,它指明不允许元组中该属性值为 NULL。

（2）基于属性的 CHECK 限制

CHECK 限制的作用为在属性说明中加上 CHECK 子句,此时需要对该属性所取的值进行检查,例如：

CREATE TABLE Enroll

(C♯CHAR(10)

S♯CHAR(20))

Grade INTEGER

CHECK(Grade>=0 AND Grade<=100)))

指明属性 Grade 的值是 0～100 间的整数。

（3）值域限制

在 SQL-92 中允许用户以 CREATE DOMAIN 语句建立一个新的值域,然后说明一个属性的数据类型就是该值域。例如：

CREATE DOMAIN AveGrade NUMERIC(5,2)

CHECK(VALUE>0 AND VALUE<100))

然后,定义：

CREATE TABLE Student

(S♯CHAR(20)

Name CHAR(10)

⋮

Ave-grade AveGrade)

4.2.4 整关系性限制

涉及关系的多个属性或多个关系之间的联系的完整性限制即整关系性限制,SQL 支持于元组的 CHECK 限制和断言——包含多个关系的限制两类整关系性限制。

(1)基于元组的 CHECK 限制

与基于属性的 CHECK 限制相类似,该限制表明施加于单个关系的各元组上的一种限制。它由关键字 CHECK 再跟一个括号括着的条件,该条件是可以出现在 WHERE 子句中的任何一种。

(2)断言——包含多个关系的限制

一个断言就是表示想要满足的一个条件的谓词。此处条件涉及作为整体的一个或多个关系。下面给出在 SQL-92 的断言说明格式为:

CREATE ASSERTION<断言名>CHECK(<条件>)

4.3　事务执行控制

4.3.1　事务的开始

在 SQL 中,当任何一个查询或修改数据库或数据库模式的语句开始执行时,与此同时一个事务也就自动开始了。因此在 SQL 中,事务的开始是隐含的。

4.3.2　事务的成功完成

SQL 语句 COMMIT 的执行使事务成功地结束(或者称"提交"),即自该事务开始以来由 SQL 语句所引起的对数据库的所有变更都永久地置于数据中。以前所提到的事务变更是"暂时"的,将它的变更结果的数据称为"脏数据"。

4.3.3　事务的夭折

SQL 语句 ROLLBACK 的执行引起事务的夭折(abort)。那么此时,该事务对数据库所作的任何改变都要原样"回滚"(rollback)。

4.4　事务并发控制

SQL 提供了显式控制和隐式控制两种事务并发控制的形式：

(1)显式控制

该控制形式直接用 LOCK TABLE 语句进行数据封锁。

(2)隐式控制

该控制形式通过指定事务的隔离级别来隐含地进行数据封锁。

4.4.1　加锁

下面给出在 SQL 中加锁语句的一般格式：

LOCK TABLE<关系名表>IN<锁的方式>MODE

其中<关系名表>是多个关系名的列表。<锁的方式>不同系统可能不同。

4.4.2　隔离级别

与并发控制相关的事务特征有存取方式和隔离级别两个方面。

存取方式有 READ ONLY(只读)和 READ WRITE(读写)两种。下面对着两种存取方式进行简单概述。

READ ONLY(只读)告知系统,当前事务不对数据库作任何变更。系统则可根据该点获得更高的事务执行并发性。

READ WRITE 告知系统即将开始的事务要改变数据库。这种方式一般是缺省的。所以,SQL 的存取方式说明语句格式如下:

$$\text{SET TRANSACTION} \begin{vmatrix} \text{READ ONLY} \\ [\text{READ WRITE}] \end{vmatrix}$$

某给定事务的行为将对其他正在并发执行的事务暴露到什么程度是通过隔离级别指明的,在 SQL-92 中给出了 READ UNCOMMIT-

TED、READ COMMITTED、REPEATABLE READ、SERIALIZ-ABLE 四种隔离级别,这四种隔离对四种可能的不一致性问题的防范效果,如表 4-1 所示。

表 4-1　SQL-92 中事务隔离的级别及其效果

隔离级别　　　　　效果	更新丢失	脏读	不可重读	虚幻现象
READ UNCOMMITTED	No	Maybe	Maybe	Maybe
READ COMMITTED	No	No	Maybe	Maybe
REPEATABIE READ	No	No	No	Maybe
SERIALIZABIE	No	No	No	No

在 SQL 的各级隔离下,都不会发生更新丢失问题其原因在于:SQL 确保每一事务在写数据以前都获得排他锁并保持这种锁直至事务结束。

两个事务在数据库的动态变化过程中发生了"错过了的"操作冲突的现象即为"虚幻现象"。

SQL 中最低级的事务隔离为 READ UNCOMMITTED 级隔离,它允许一个事务 T_1 读另一个事务 T_2 所变更的未提交数据;显然,这种数据还可能进一步在 T_1 执行期间被别的事务改变;也会发生虚幻现象。[1]

READ COMMITTED 级隔离的事务的特点如下:

①只读已提交事务所写的数据。

②由它所写的数据除非自己结束,否则不会被任何其他事务所改变。

③被读的数据在它还处于执行过程中时完全可能被别的事务

---

[1]　刘云生. 数据库系统分析与实现. 北京:清华大学出版社,2009

修改。

④可能会遇见虚幻现象。

REPEATABLE READ 级隔离的特点如下：

①确保事务只读已提交的数据。

②由它读或写的数据不会被改变。

③这些锁是加在单个数据对象上的，可能发生虚幻现象。

SERIALIZABLE 级隔离按严格的 2PL（两段锁）协议处理，还包括可能会造成对虚幻现象的数据集加锁。[①]

SQL 隔离级别的说明格式为：

SET TRANSACTION ISOLATION LEVEL<隔离级>

4.5　数据库故障恢复技术

4.5.1　故障的种类

数据库系统中的故障，大致可以分为以下几类：

1. 事务内部的故障

事务内部的故障可分为：

一种是通过事务程序本身发现的；

一种是非预期的，不能由事务程序处理的。

下面给出一个例子。

例 4.4　银行转账事务，该事务将一笔资金从甲账户转给乙账户。

BEGIN TRAN SACTION

读取账户甲的余额 BALANCE；

BALANCE=BALANCE-AMOUNT；（转账金额为 AMOUNT）

① 王珊，萨师煊．数据库系统概念(第四版)．北京：高等教育出版社，2006

```
IF(BALANCE<0)THEN
{
    打印'余额不足,不能转账';
    ROLLBACK;(撤销修改,恢复事务)
}
ELSE
{
    读取账户乙的余额 BALANCE;
    BALANCE=BALANCE+AMOUNT;
    写回 BALANCEl;
    COMMIT;
}
```

需要注意:上述例子包括两个更新操作,这两个更新操作要么全部完成要么全部不做。否则将会导致数据库所处状态不一致的。

非预期故障在事务内部较多,该故障是不能由应用程序处理的。以后,事务故障仅指这类非预期的故障。

事务故障也就是事务没有达到预期的终点,所以,此时数据库的状态可能不正确。恢复程序的前提条件是不影响其他事务运行,强行回滚(ROLLBACK)该事务。

2. 系统故障

造成系统停止运转的任何事件,使得系统要重新启动称为系统故障。系统故障影响正在运行的所有事务,然而对数据库并没有破坏作用。此时主存内容,特别是数据库缓冲区中的内容将会全部丢失,一切运行事务都将非正常终止。当系统故障发生时,此时一些尚未完成事务的结果可能已送入物理数据库,导致数据库的状态可能不正确。清除这些事务对数据库的所有修改,从而保证数据的一致性。

恢复子系统必须在系统重新启动时让所有非正常终止的事务回

滚,强行撤销(UNDO)所有未完成事务。

当发生系统故障时,有些已完成的事务可能有一部分甚至全部留在缓冲区,没有来得及写回到磁盘上的物理数据库中,系统故障导致这些事务对数据库的修改部分或全部丢失,此时数据库的状态处于不一致,因此应将这些事务已提交的结果重新写入数据库。需要注意系统重新启动后,恢复子系统需要:

①撤销所有未完成的事务。

②所有已提交的事务需要重做(REDO)。

3. 介质故障

系统故障也称为软故障(Soft Crash),介质故障也称为硬故障(Hard Crash)。硬故障指外存故障,该类故障的影响:

①破坏数据库或部分数据库。

②正在存取该部分数据的所有事务都将受到影响。

这类故障与前两类故障相比发生的可能性要小得多,然而其破坏性却是最大的。

4. 计算机病毒

一种人为的故障或破坏,一些恶作剧者研制的一种计算机程序称为计算机病毒。该种程序与其他程序相比不同之处在于:

①可繁殖和传播。

②造成对计算机系统包括数据库的危害。

病毒的种类很多,不同病毒有不同的特征:

①有的病毒传播速度非常快,只要入侵系统就马上摧毁系统。

②有的病毒潜伏期较长,机器在感染一段时间后才开始发病。

③有的病毒将使系统所有的程序和数据被感染。

④有的病毒只感染某些特定的程序和数据。

多数病毒一开始并不摧毁整个计算机系统。

当今计算机系统和数据库系统的主要威胁就是计算机病毒。为此计算机的安全工作者已研制了许多预防病毒的"疫苗"。然而,到目前为止还没有研制出一种可以使计算机"终生"免疫的疫苗。

各类故障对数据库的影响有如下两种可能性:

①破坏了数据库本身。

②没有破坏数据库,但数据可能不正确,这是由于事务的运行被非正常终止造成的。

恢复的基本原理为数据库中任何一部分被破坏的或不正确的数据可根据存储在系统别处的冗余数据来重建。

4.5.2 恢复的实现技术

恢复机制包括如下两个问题:

①冗余数据如何建立。

②这些冗余数据如何利用从而实施数据库恢复。

数据转储和登录日志文件为建立冗余数据最常用的技术。

1. 数据转储

数据库恢复中采用的基本技术是数据转储。DBA 定期地将整个数据库复制到磁带或另一个磁盘上保存起来的过程就是所谓的转储。将这些备用的数据称为后备副本(backup)或后援副本。

当数据库遭到破坏后可将后备副本重新装入,然而需要注意重装后备副本只能将数据库恢复到转储时的状态,如果想要恢复到故障发生时的状态,此时必须重新运行自转储以后的所有更新事务。

转储之所以不能频繁进行,是因为它时间和资源的耗费十分严重。DBA 需要按照数据库使用情况设定一个相对适当的转储周期。

转储可分两种:静态转储和动态转储。

在系统中无运行事务时进行的转储操作即为静态转储。即转储操作开始的时刻,数据库处于一致性状态,而转储期间不允许(或不存在)

对数据库的任何存取、修改活动。

　　静态转储简单,但转储必须等待正运行的用户事务结束才能进行。同样,新的事务必须等待转储结束才能执行。显然,这会降低数据库的可用性。

　　所谓动态转储就是指转储期间允许对数据库进行存取或修改。

　　动态转储的优点:

　　①可克服静态转储存在的缺点。

　　②无需等待正在运行的用户事务结束。

　　③新事务的运行不会受到影响。

　　不能保证正确有效获得转储结束时后援副本上的数据为动态转储的缺点。

　　为此必须建立日志文件(log file),即把转储期间各事务对数据库的修改活动登记下来。通过后援副本和日志文件就能把数据库恢复到某一时刻的正确状态。

　　转储还可以分为两种方式:海量转储和增量转储。每次转储全部数据库称为海量转储。每次只转储上一次转储后更新过的数据则称为增量转储。

　　海量转储方式适用情况:

　　从恢复角度看,使用海量转储得到的后备副本进行恢复一般说来会更方便些。

　　增量转储方式适用情况:

　　①数据库很大。

　　②事务处理非常频繁。

　　数据转储有两种方式,分别可在两种状态下进行,所以数据转储方法可以分为动态海量转储、动态增量转储、静态海量转储和静态增量转储四类,如表 4-2 所示。

表 4-2　数据转储分类

		转储状态	
		动态转储	静态转储
转储方式	海量转储	动态海量转储	静态海量转储
	增量转储	动态增量转储	静态增量转储

2. 登记日志文件(Logging)

(1)日志文件的格式和内容

用来记录事务对数据库的更新操作的文件即为日志文件。日志文件主要有以记录为单位的日志文件和以数据块为单位的日志文件两种格式。

以记录为单位的日志文件,日志文件中需要登记的内容如下:

①事务的开始(BEGIN TRANSACTION)标记。

②事务的结束(COMMIT 或 ROLLBACK)标记。

③事务的所有更新操作。

上述日志文件中需要登记的内容均作为日志文件中的一个日志记录(log record)。

每个日志记录的内容主要包括:

①事务标识。

②操作的类型。

③操作对象。

④更新前数据的旧值。

⑤更新后数据的新值。

以数据块为单位的日志文件,日志记录的内容包括:

①事务标识。

②被更新的数据块。

操作的类型和操作对象等信息无需放入日志记录中,其原因在于由于将更新前的整个块和更新后的整个块都放入了日志文件中。

（2）日志文件的作用

在数据库恢复中起着非常重要作用的为日志文件。

具体作用如下：

①事务故障恢复和系统故障恢复。

②在动态转储方式中一定要建立日志文件，要想有效地恢复数据库必须后备副本和日志文件结合起来才能实现。

③在静态转储方式中，同样可建立日志文件。当数据库毁坏后可重新装入后援副本把数据库恢复到转储结束时刻的正确状态，再根据日志文件，重做处理已完成的事务，撤销处理故障发生时尚未完成的事务，如图 4-1 所示。

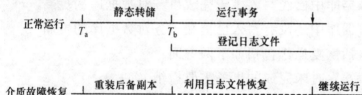

图 4-1　利用日志文件恢复

（3）登记日志文件

登记日志文件的原则：

①登记的次序必须严格根据并发事务执行的时间次序。

②先写日志文件，后写数据库。

4.5.3　恢复策略

1. 事务故障的恢复

事务在运行至正常终止点前被终止，此时恢复子系统应利用日志文件撤销（UNDO）该事务已对数据库进行的修改就是所谓事务故障。

系统自动完成事务故障的恢复,对用户是透明的。

系统的恢复步骤是:

①反向扫描日志文件,查找该事务的更新操作。

②对该事务的更新操作执行逆操作。

③继续对日志文件进行反向扫描,查找该事务的其他更新操作,做相同处理。

④如此处理下去,一直读到此事务开始标记为止,完成事务故障恢复。

2. 系统故障的恢复

系统故障导致数据库状态不一致的原因有如下两个:

①在数据库中已经写入了未完成事务对数据库的更新。

②在数据库中还没有写入已提交事务对数据库的更新。

简单概括恢复操作包括如下两方面:

①故障发生时未完成的事务需要撤销。

②已完成的事务需要重做。

系统故障的恢复不需要用户干预,由系统在重新启动时自动完成。

系统的恢复具体步骤如下:

①对日志文件正向扫描,找到故障发生前已提交的事务,将其事务标识记入重做(REDO)队列。找到故障发生时尚未完成的事务,将其事务标识记入撤销队列。[①]

②撤销队列中的事务。

③重做重做队列中的事务。

3. 介质故障的恢复

最严重的一种故障就是发生介质故障后,磁盘上的物理数据和日

---

① 王珊,萨师煊. 数据库系统概念(第四版). 北京:高等教育出版社,2006

志文件被破坏。重装数据库,再重做已完成的事务为其恢复方法。

①装入最新的数据库后备副本,使数据库恢复到最近一次转储时的一致性状态。

②装入相应的日志文件副本(转储结束时刻的日志文件副本),重做已完成的事务。

4.5.4　具有检查点的恢复技术

利用日志技术进行数据库恢复时,恢复子系统必须搜索日志,确定哪些事务需要 REDO,哪些事务需要 UNDO。一般来说,需要检查所有日志记录。这样做存在如下两个问题。

①耗费大量的时间搜索整个日志。

②实际上很多需要 REDO 处理的事务已将它们的更新操作结果写到数据库中了,又重新执行了这些操作,大量时间被浪费。

为了解决这些问题,发展了具有检查点的恢复技术。

检查点记录的内容包括:

①建立检查点时刻所有正在执行的事务清单。

②这些事务最近一个日志记录的地址。

文件重新开始用来记录各个检查点记录在日志文件中的地址。如图 4-2 说明了建立检查点 C_i 时对应的重新开始文件与日志文件。

动态维护日志文件的方法是执行建立检查点,保存数据库状态操作,且周期性地执行。

动态维护日志文件的具体步骤是:

①把当前日志缓冲区中的一切日志记录写入磁盘的日志文件上。

②将一个检查点记录写入日志文件中。

③在磁盘的数据库中写入当前数据缓冲区的一切数据记录。

④把检查点记录在日志文件中的地址写入一个重新开始文件。

检查点建立方式:

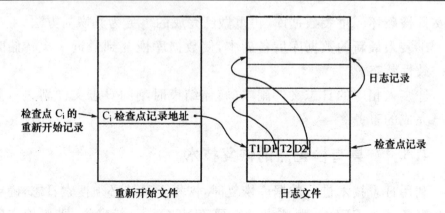

图 4-2   具有检查点的日志文件和重新开始文件

①可根据预定的一个时间间隔建立检查点。

②按照某种规则建立检查点。

当系统出现故障时,按照事务的不同状态恢复子系统将采取不同的恢复策略,如图 4-3 所示。

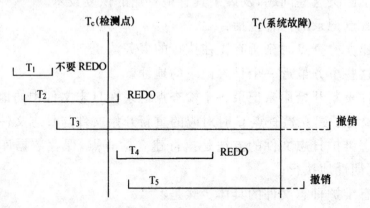

图 4-3   恢复子系统采取的不同策略

T_1:提交在检查点之前;

T_2:检查点之前执行开始,提交在检查点之后故障点之前;

T_3:检查点之前执行开始,在故障点时还未完成;

T_4:检查点之后执行开始,提交在故障点之前;

T_5:在检查点之后执行开始,在故障点时还未完成。

有如下注意:

①由于 T_3 和 T_5 在发生故障时并未完成,因此可撤销。

②T_2 和 T_4 提交在检查点之后,它们对数据库所做的修改有可能还没有写入数据库,因此 REDO。

③T_1 提交在检查点之前,因此无需执行 REDO 操作。

系统使用检查点方法进行恢复的步骤如下:

①从重新开始文件中找到最后一个检查点记录在日志文件中的地址,按照此地址在日志文件中找到最后一个检查点记录。

②根据检查点记录得到检查点建立时刻所有正在执行的事务清单 ACTIVE. LIST。

③从检查点开始对日志文件正向扫描。

这里建立 UNDO-LIST 和 REDO-LIST 两个事务队列。

④对 UNDO-LIST 队列中的一切事务执行 UNDO 操作,对 RE-DO-LIST 队列中的一切事务执行 REDO 操作。

4.5.5　数据库镜像

对系统影响最为严重的一种故障就是介质故障。一旦系统出现介质故障,此时用户的全部应用中断,然而恢复起来也非常费时。DBA必须周期性地转储数据库,从而导致 DBA 的负担加重了。

随着磁盘容量不断增大,价格日渐便宜,许多数据库管理系统采用数据库镜像(Mirror)功能用于数据库恢复。

数据库镜像根据 DBA 的要求,将整个数据库或其中的关键数据自动复制到另一个磁盘上。DBMS 自动保证镜像数据与主数据库的一致性,如图 4-4(a)所示。一旦出现介质故障,此时可由镜像磁盘继续提供使用,与此同时 DBMS 自动利用镜像磁盘数据进行数据库的恢复,如图 4-4(b)所示。

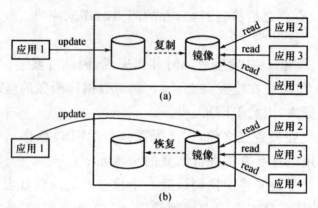

图 4-4   数据库镜像

因为数据库镜像的实现是通过复制数据,所以频繁地复制数据会导致系统运行效率降低,所以用户在实际应用中一般只选择对关键数据和日志文件镜像。

第 5 章　关系数据库设计

数据库设计是数据库应用系统开发过程中的重要环节,关系数据库设计理论也称关系数据理论或关系数据库的规范化理论。在将 E-R 设计转化为关系模式后,需要对关系模式做进一步的优化设计,以减少冗余。关系数据库设计可能会涉及下面几个问题,如构造出来的关系模式是否适合所针对的具体问题、应该构造几个关系模式、每个关系模式由哪些属性构成等,准确地说,是关系数据库逻辑设计问题,关系数据库的规范化理论就是在这样的背景下被提出的。

5.1　关系数据库设计中常见问题分析

关系数据库设计的核心是关系模式的设计。关系模式的设计就是按照一定的原则从数量众多而又相互关联的数据中,构造出一组既能较好地反映现实世界,又具有良好操作性能的关系模式。例如,我们要建立一个关系数据库来描述学生的一些情况,该数据库只包含一个关系模式"学生信息(学号,姓名,系名,系主任名,课程号,成绩)",用于存放学生及其所在的系以及课程成绩的信息。对这个关系模式进行分析,找出其中存在的问题。

通过分析我们发现该关系模式包含如下语义:一个系有多名学生,一名学生只能属于一个系;一个系只有一名系主任,一名系主任只能在一个系任职;一名学生可以学习多门课程,每门课程可以由多名学生学习。主键为(学号,课程号),且发现这是一个"不好"的关系模式。该关系模式主要存在以下问题:

①数据冗余。如果某个学生选了 N 门课,姓名、系名、系主任名就会重复出现 N 次。同一个系的学生有 M 个,系主任名就会重复出现 M 次。

②更新异常。由于数据冗余,当修改某一元组的系主任名时,必须修改其他相同系名的相关元组,否则会造成同一系名但不同系主任名这样的数据不一致问题。

③插入异常。如果一个系刚组建,还没有招收学生,则无法插入该系的任何数据,因为主键为空。

④删除异常。一个系的学生毕业了,删除这些学生的记录,则系主任等信息也删除掉了。

在上述实例中,产生数据冗余和操作异常的原因在于关系模式的结构,即关系模式中各个属性之间存在过多的数据依赖关系。如果一个关系模式 R 不是"好"模式的话,就将它分解成多个模式的集合$\{R_1, R_2, \cdots, R_n\}$,从而保证每个模式是"好"模式,并且分解是无损连接的。对于该实例最佳的解决办法就是进行模式分解,将原关系模式分解为三个新的关系模式:

学生-系(学号,姓名,系名)

学生成绩(学号,课程号,成绩)

系-系主任(系名,系主任名)

那么如何判断分解后的三个关系模式是否为一个合理的模式,就需要从理论上来解决这个关系数据库的逻辑设计问题。这个理论就是关系规范化理论,通过分解关系模式来消除其中不合适的数据依赖,以解决插入异常、删除异常、更新异常和数据冗余问题。

5.2　使用规范化进行数据库设计

当希望设计一个数据库来存储表格时,首先应该先评估这些表的结构和内容。下面给出了评估表结构的通用方法。

①计算表的行数并检查表中的列。使用 COUNT(*)来计算每张表中行的数目,使用 SELECT * 来确定表中列的数目和类型。表中上千行或上百万行的查询会耗费大量的时间,解决方法是使用 TOP 关键字查询。

②检查表中的数据来决定函数依赖、多值依赖、候选键和每张表的主键。同时搜索可能存在的外键。可以根据采样数据来做出判断,但这些数据可能并没有覆盖所有可能的情况。因此,需要询问用户来验证你的结论。关于外键,冒然假设存在引用完整性约束是危险的,还应该亲自检查。

检查完输入表后,下一步依赖于要创建可更新表还是只读表。

5.2.1　可更新数据库的设计

在构造一个可更新数据库前,首先需要考虑的是更改异常和不一致数据。此时,必须规范化原则加以仔细思考。

1. 使用 SQL 进行规范化

规范化消除了更改异常和减少了数据冗余,消除了可能存在的不一致数据取值所带来的数据完整性问题,并且节省了文件存储空间。但是规范化要求应用程序开发者编写更加复杂的 SQL 语句。要恢复原始数据,必须使用子查询和连接来处理分散在多张表中的数据。并且,DBMS 必须读两张表或多张表,这会使得应用程序变慢。

通过 BCNF 来消除函数依赖所引起的异常。大多数情况下,更改异常的问题非常严重,所以需要表满足 BCNF。如果表中的所有决定因子都是候选键,则这张表满足 BCNF。如果某个决定因子不是候选键,就需要把原表分成两张或多张表。

在如图 5-1 所示的表(EQUIPMENT_REPAIR)中,ItemNumber是一个决定因子,但不是候选键。因此,构造两张表(ITEM 和 RE-

PAIR)，如图 5-2 所示。在这些表中，ItemNumber 是 ITEM 表的决定因子和候选键，RepairNumber 是 REPAIR 表的决定因子和候选键。这两张表都满足 BCNF。

ItemNumber	Type	AcquisitionCost	RepairNumber	RepairDate	RepairCost
100	Rill Press	3500.00	2000	2009-5-5	375.00
200	Lathe	4750.00	2100	2008-6-9	255.00
100	Rill Press	3500.00	2200	2009-6-19	178.00
300	Mill	27300.00	2300	2009-6-19	1875.00
100	Rill Press	3500.00	2400	2009-7-5	0.00
100	Rill Press	3500.00	2500	2009-8-17	275.00

图 5-1　EQUIPMENT_REPAIR 表

ItemNumber	Type	AcquisitionCost
100	Rill Press	3500.00
200	Lathe	4750.00
300	Mill	27300.00

ITEM 表

ItemNumber	RepairNumber	RepairDate	RepairCost
100	2000	2009-5-5	375.00
200	2100	2009-5-7	255.00
100	2200	2009-6-19	178.00
300	2300	2009-6-19	1875.00
100	2400	2009-7-5	0.00
100	2500	2009-8-17	275.00

REPAIR 表

ItemNumber	Type	AcquisitionCost
100	Rill Press	3500.00
200	Lathe	4750.00
300	Mill	27300.00

图 5-2　规范化 ITEM 表和 REPAIR 表

一旦这些表创建好，就可以使用下面的 SQL INSERT 语句来插入值：

INSERT INTO ITEM

SELECT DISTINCT ItemNumber，Type，AcquisitionCost

FROM EQUIPMENT_REPAIR；

注意，必须使用 DISTINCT 关键字，因为（ItemNubmer，Type，AcquisitionCost)组合在 EQUIPMENTREPAIR 表中不是唯一的。之后我们用类似的方法在 REPAIR 中插入值：

INSERT INTO REPAIR

SELECTItemNumber,RepairNumber,RepairDate,RepairAmount

FROMEQUI PMENT_REPAIR

规范化表的 SQL 语句比较简单。完成表规范化后就可以删除原来的 EQUIPMENT_REPAIR 表了。当前，Access、SQL Server、Oracle 和 MySQL 都提供图形化工具来删除表。

尽管大多数情况下，可更新的数据库中的表应满足 BCNF,但有时候 BCNF 要求太苛刻。对规范化的缺点进行分析，我们发现有时两个单独的表需要更复杂的 SQL 操作。需要 DBMS 管理两张表，这会降低应用程序的速度。权衡上述考虑，大多数开发者会觉得规范化的设计太苛刻。因此，当设计可更新数据库时，检查每个表是否满足 BCNF。当表不满足 BCNF 时，它可能引起更新异常和数据不一致。在大多数情况下，改变表使得满足 BCNF。但如果数据不是经常发生变化，而且数据的不一致可以在商业处理中轻易地检测出来，则应该选择不对它进行改变。

2. 多值依赖

多值依赖的后果要比函数依赖严重得多，因此在所有情况下都应该消除多值依赖。与 BCNF 不同，多值依赖没有特殊情况。因此只要它存在，就应该分离表。

通常，进行规范化要简单得多，尽管它确实需要开发者编写子查询和连接来重新创建表，但和编写程序来处理多值依赖引起的异常的复杂性相比，这个操作明显比较简单。一些专家不同意这条快速且严格的规则，但这条规则确实成立。虽然存在一些罕见的、不可思议的情况，多值依赖引起的后果并不严重，但这些例子可以忽略不计。在有多年的数据库设计经验之前，总是应该在可更新数据库中消除多值依赖。

5.2.2　只读数据库的设计

在商务智能系统中,只读数据库用于处理查询,生成报表或用于数据挖掘。如果数据库不会被更新,设计的方法及属性就和可更新数据库的设计不同。基于若干理由,规范化不是只读数据库的优先选择。如果数据库从来不被更新,则更改异常就不会发生。规范化一个只读数据库的唯一理由就是减少数据冗余。然而,没有了更新操作,数据不一致也不会发生。因此,避免数据冗余的唯一理由就是节省存储空间。

在当前硬件条件下,文件存储设备非常便宜。因此,除非这个数据库异常庞大,否则存储代价非常小。不可否认,DBMS 在一张比较大的表中查询和处理数据会花费更多时间,规范化数据库来提高处理速度是有道理的。但这个提高并不是非常明显的。如果数据库被规范化,那么需要从两张表或多张表中读取数据,对表进行连接的时间会抵消掉读较小的表所节省下来的时间。因此在大多数情况下,规范化只读数据库是不合理的。

1. 反规范化

只读数据库通常是从事务数据库中抽取而来。由于这种数据库是可更新的,因此一般都是规范的,这样很可能得到的数据是规范化的。规范化数据更小且易于传输,且更加容易被转换以满足特定的需求。

若不需要把只读数据库的数据规范化,则需要反规范化(denor-malize)。

假定要创建一个只读数据库,用来生成学生俱乐部付费的报表。如果把数据放在三个表中,则每次生成报表,都要在三个表中进行连接操作。因此,开发者必须了解如何编写三表的连接操作,DBMS 必须执行这些连接。可以一次性地把这三个表进行连接并存储到一张表中。下面通过操作将图 5-3 中的三个表(STUDENT、CLUB、PAYMENT)进行连接并存储到一张名为 PAYMENT DATA 的表中:

INSERT INTO PAYMENT_DATA
SELECTSTUDENT. SID, Name, CLUB. Club, Cost, AmountPaid
FROMSTUDENT, PAYMENT, CLUB
WHERE STUDENT. SID＝PAYMENT. SID
AND PAYMENT. Club＝CLUB. Club;

SID	Name
100	Jones
200	Chau
300	Garrett
400	Jones

STUDENT 表

Club	Cost
Climbing	150.00
Scuba	400.00
Skiing	55.00

CLUB 表

SID	Club	AmountPaid
100	Scuba	0.00
200	Scuba	400.00
200	Skiing	550.00
300	Climbing	150.00
400	Skiing	550.00

PAYMENT 表

ItemNumber	RepairNumber	RepairDate	RepairCost
100	2000	2009-5-5	375.00
200	2100	2009-5-7	255.00
100	2200	2009-6-19	178.00
300	2300	2009-6-19	1875.00
100	2400	2009-7-5	0.00
100	2500	2009-8-17	275.00

图 5-3　规范化 STUDENT, CLUB, PAYMENT 表

连接的结果如图 5-4 所示。

反规范化非常简单,仅仅是把表进行连接然后存到一张表中。通

SID	Name	Club	Cost	AmountPaid
100	Jones	Scuba	400.00	0.00
200	Chau	Scuba	400.00	400.00
200	Chau	Skiing	550.00	550.00
300	Garrett	Climbing	150.00	150.00
400	Jones	Skiing	550.00	550.00

图 5-4   反规范化 PAYMENT_DATA 表

过反规范化,节省了开发人员编写多表操作以及 DBMS 执行它的开销。

2. 自定义的复制表

只读数据库没有数据完整性问题,且现在存储介质非常便宜,因此可以对同一数据生成很多副本,每一副本用于特定的一个应用。假定对于图 5-5 所示的 PRODUCT 表,表中的列用于不同的商业过程,一些用于购买,一些用于销售分析,一些用于在网上显示数据。

对于某些列,例如存储图形的列,存储空间很大。如果对于每个查询 DBMS 都要求读这个表,处理速度会很慢。对于这家公司,应该生成这个表的若干自定义的版本,以应付不同的查询需求。如果是可更新数据库,会有数据完整性问题,但如果是只读数据库,则是安全的。

可以使用 Access 或其他 DBMS 的图形界面来创建这些表。一旦这些表被创建,可以用前面讨论过的 INSERT 语句来插入数据。唯一要注意的是要使用 DISTINCT 保证数据的唯一性。

5.2.3   数据库设计中需要注意的问题

对已存在数据设计数据库时,除规范化和反规范化是主要考虑的问题外,还需要考虑多值多列问题,不一致的数据值,缺失值,通用目的的备注列。

1. 多值多列问题

观察图 5-5 中的列 VendorContact_1 和 VendorContact_2。这些

列存储了两个过去的卖主的联系名字。如果公司想要使用同样的方式存储第 3 个或第 4 个联系人的名字,将增加两个字段:VendorContact_3 和 VendorContact_4。

```
SKU(PrimaryKey)
PartNumber(Candidatekey)
SKU_Description(Candidatekey)
VendorNumber
VendorName
VendorContact_1
VendorContact_2
VendorStreet
VendorCity
VendorState
VendorZip
QuantitySoldPastYear
QuantitySoldPastQuarter
QuantitySoldPastMonth
DetailPicture
ThumbNailPicture
MarketingShortDescription
MarketingLongDescription
PartColor
UnitsCode
BinNumber
ProductionKeyCode
```

图 5-5　PRODUCT 表

再考虑一存储员工子女信息的表,每一列存储一个孩子的名字,比如 Child_1,Child_2,Child_3;在应用程序中用列 Picture_1,Picture_2,

Picture_3 存储一所房子的照片等。这种存储方式虽然很方便,但是能够存储的个数是固定的。如果一个卖主有三个联系人名字该怎么办? SKU_DATA 表中只有 VendorContact_1 和 VendorContact_2 两列,应该如何存储第三个卖主联系名字呢? 对于员工子女问题,假如只有三列用来存储孩子的名字,那么第四个孩子存储到哪里呢? 此外,在查询数据的时候。假设想查询哪些员工有名字为 Gretchen 的孩子。如果表中有三列表示孩子的名字。查询语句应该写为:

```
SELECT *
FROME MPLOYEE
WHERE Child_1 = 'Gretchen'
      OR Child_2 = 'Gretchen'
      OR Child_3 = 'Gretchen';
```

表中若有更多孩子的名字,则可以通过使用第二张表来存储这些值以解决问题。对于员工/孩子的例子,使用下面的表:

EMPLOYEE (EmpNumber, EmpLastName, EmpFirstName, Email, …{other data})

CHILD(ChildFirstName, EmpNumber, …{other data})使用这个结构,对于每个员工,都可以存储任意数量的孩子。而没有孩子的员工则什么都不用存储。另外,如果想查询哪些员工有名字叫 Gretchen 的孩子,可用下面的语句:

```
SELECT *
FROME MPLOYEE
WHERE EmpNumber IN
    (SELECT EmpNumber
    FROM CHILD
    WHERE ChildFirstName = 'Gretchen');
```

这种查询更加容易书写和理解,且对于员工的孩子数量没有限制,都可以使用它来进行查询。这种设计方案需要 DBMS 去处理两张表，在表比较大的情况下，当考虑性能时，有些人认为第一种方案更好。在这种情况下，使用多个列来存储多值情况更有优势。对于第一种方案，当政策发生改变时，数据库就需要重新设计。我们知道数据库的重新设计是非常复杂和昂贵的，最好能够避免重新设计。

2. 不一致的数据值

为已存在数据设计数据库时，来源于不同的用户或者不同的数据源存储相同的数据所用的表单可能会有轻微的差别。这些差别难以被检测，并且会产生不一致或错误的信息。不同的用户使用不同的方式来表示相同的数据，一个用户可能把 SKU_Description 表示为 Corn，Large Can；另一个用户可能表示为 Can，Corn，Large 或者 Large Can Corn。这三种方式都表示同一个 SKU，但协调它们是非常困难的。在从不同的数据库、清单和文件中汇集数据时，这个问题常常发生。在主键和外键中存在不一致的数据值会引发非常严重的问题。当外键列中有值不一致或被错误拼写时，关系会因此而被破坏。

对于上述问题，可以通过两种技术来发现。第一种是前面检查引用完整性时使用到的技术。这种检查会发现不一致的或拼写错误的值。第二种技术是在可能存在问题的列上使用 GROUP BY。如果查询结果太多，使用 HAVING 条件进行过滤。没有一种检查是绝对有效的，有时不得不通过读数据来检查。处理这种数据问题时，应该开发一个错误报告和跟踪系统来记录和纠正找到的不一致数据。当已经找出的不一致数据再次发生时，用户会很快变得失去耐心。

3. 缺失值

缺失值是对已存在数据设计数据库时经常会遇到的第三个问题。缺失值，或称 null 值，是指那些未被提供的值。缺失值是没被提供的值，这一点不同于空白值，空白值本身就是一种取值。

　　null 值的产生原因有很多,比如这个值是不合适的,这个值虽然合适的但没有人知道,或者它既是合适的也是已知的,但没有人把它录入。对于一个 null 值究竟是如何产生的,我们是无法判断的。

　　可以使用 SQL 术语 IS NULL 来检查 null 值。例如,想要查询 ORDER_ITEM 表中 Quantity 列的 null 值个数,可以使用下面的查询语句:

SELECT COUNT(*)as QuantityNullCount

FROM ORDER_ITEM

WHERE Quantity IS NULL;

　　通过这种方法,如果在本例中存在 null 值,我们将知道有多少个。然后可以使用 SELECT * 来查看包含 null 值的行数据信息。当为已存在数据构造数据库时,如果要把有 null 值的列作为主键,DBMS 将生成一个错误。因此,首先应该把这些 null 值清除掉。同时,还应该在 DBMS 中设定此列不允许为 null 值,这样,当插入的元组中包含 null 值时,DBMS 会自动生成错误。

　　应该养成习惯在所有外键中检查 null 值。任何在外键列上是 null 值的行都不能插入到数据库中。建库时,要询问用户的具体情况。

　　4. 常规目的的备注列

　　常规目的的备注列,又称为"备注"、"评论"、"注释"等的列经常是不一致地、非形式化地存储了重要的数据。例如,考虑一个销售贵重物品(比如飞机、名车、游艇等)的公司的客户数据,它可能使用清单来保存客户数据。这样做并不是因为这是最好的方法,可能只是手头有这样的工具并了解它的用法。典型的清单包含的列数据有:姓、名字、电子邮箱、电话号码、地址等。并且可能拥有称为"备注"、"评论"、"注释"等的列。问题是需要的数据常常保存在这些列中,但是无法轻易地取出来。假设要为飞机代理商建立一个数据库来保存客户信息。设计了如下两张表:

CONTACT(ID,LastName,FirstName,Address,…{other data},
PlaneModel)

AIRPLANE_ MODEL（Model，Type，Description，…{other air-
plane data}）

其 中，CONTACT. PlaneModel 是 指 向 AIRPLANE _ MOD-
EL. Model 的外键。使用这张表来保存谁列或将要买特殊的飞机
模型。

某些情况下,作为外键的数据是保存在备注列中的,要发现它们很
困难。此外,备注列的用途是不一致的或者里面存储了多个数据项。
可能有的用户用它来保存联系人的名字;别的用户可能用它来保存飞
机模型的描述;还可能保存客户最后一次联系的时间;更有甚者,同一
个用户可能在不同的时间使用它来保存不同的信息。

对于上述这些问题,最好的解决方法是识别出所有的存储内容,然
后在要创建的数据库中使用新的列来分别保存这些内容,再从原数据
中导出数据并插入到新的表中。但无法自动实现这个功能。实际操作
中,任何的解决方法都需要很大的耐心和若干小时的工作。应小心处
理这些列,并且不要给这些列规定固定的价格。

5.3　使用实体-联系模型进行数据建模

数据模型(data model)是数据库设计的计划或蓝图。在建模过程
中,发生数据的改变仅仅需要修改文档即可。若待数据库创建好后要
改变就难得多,要迁移数据、重写 SQL 语句、重写表单和报表。

5.3.1　实体-联系模型涉及的基本知识点

用于设计数据模型的工具和技术很多,如层次数据模型、网状数据
模型、ANSI/SPARC 数据模型、实体-联系数据模型、语义对象模型等。

其中,实体-联系数据模型是一种被大家认做标准的模型。实体-联系(E-R)模型在 1976 年由 Peter Chen 提出[①]。Chen 构造了模型的基本元素。随着子类型被加入 E-R 模型,扩展的 E-R 模型出现了。现在大多数人使用的 E-R 模型是指扩展的 E-R 模型[②]。

(1)实体

实体(entity)是用户想追踪的东西,能够在用户工作中被轻易辨别出。同一类型的实体被划分到一个实体类(entity class)中。实体类用大写字母表示。实体类是实体的集合,通常含有多个实体,用实体的结构来描述。实体实例(entity instance)是一个特定的实体。应该正确地区分实体类和实体实例。

(2)属性

实体用属性(attribute)来描述它的特征。这里使用首字母大写的形式来表示属性。E-R 模型假定实体类的所有实例都拥有同样的属性。实体图中属性的表示方法是不同的:用椭圆表示属性并连接到实体,这种方法用于最初的 E-R 模型。用矩形表示属性,常用于现在的建模工具中。

(3)标识符

每个实体都有标识符(identifier),用来唯一标记实体的属性。实体实例的标识符可由一个或多个属性组成。由多个属性构成的标识符称为组合标识符(composite identifier)。

在数据模型中,实体使用三个级别的细节来描述。有时,实体和所有它的属性都被显示。这种情况下,标识符显示在顶端,下面是其属

① Chen,Peter P. "The Entity-Relationship Model-Towards a Unified View of Data. " ACM Transactions on Database Systems,January 1976,pp. 9—36.

② Teorey,T. J. ,D. Yang, and J. P. Fry. "A Logical Design Methodology for Relational Databases Using the Extended Entity Relationship Model," ACM Computing Surveys, June 1986,pp. 197—222.

性,中间用一条水平线隔开。在大型的数据模型中,如此的细节会使得模型太过庞大。因此,实体图仅仅显示标识符,或者仅仅在一个矩形中显示实体的名字。三种技术都会在实际中被使用,其中不显示属性的实体图是最简单的形式,常用于大型图表来表示实体的整体联系;显示所有属性的实体图用于数据库设计阶段来表示细节。大多数的建模软件都包含这三种显示。

(4)联系

实体可以使用联系(relationship)和其他实体交互。E-R 模型既包含联系类,也包含联系实例。联系类表示实体类间的多个联系,联系实例表示具体实体与实例之间的关系。联系的名字应该有助于描述联系的本质。

联系类可能涉及两个或多个实体类。联系中的实体个数被称为联系的度(degree)。当联系类中包含两个实体,则它的联系的度是 2,其他依次类推。度为 2 的联系称为二元联系;度为 3 的联系称为三元联系。

当把数据模型转化成关系设计时,所有建模软件都要求把联系表示成二元联系,因此所有的联系都被看成二元联系的组合。对于三元联系可以被分解成三个二元联系。

在 E-R 模型中,联系的基数(cardinality),用一个表示"数量"的词来分类。最大基数表示一个联系实例涉及的实体实例的最大数目。最小基数表示一个联系实例涉及的实体实例的最小数目。

(5)最大基数

下面分别是 E-R 模型中三种最大基数。

一对一联系(1∶1):在 1∶1 联系中,类型的实体实例最多关联到一个其他类型的实体实例上。

一对多联系(1∶N):1 和 N 的位置是很关键的。1 接近连接到的线,表示 1 指其数量;N 接近连接到的线,表示 N 指其数量。如果把 1

和 N 的位置调换,联系变为 N:1,表示的意义恰恰相反。讨论一对多联系时,有时会使用父亲和孩子。父亲表示联系中对应 1 的那个实体,孩子表示对应 N 的那个实体。

多对多联系(N:M):这个联系表示每个人可以有多项与之相关的联系,如技能,同时每项技能又有可能被多个人拥有。多对多联系通常不会写成 N:N 或 M:M。原因是可能相互关联的两个实体拥有不同的基数。换句话说,N 和 M 可能不相等。比如一个人有 5 项技能,但一个技能属于 3 个人。因此写成 N:M 就是为了强调 N 和 M 可能不同。

有时,最大基数是个确定的数字。比如,对于一种比赛,每队的人数是固定的(15)。在这种情况下,TEAM 和 PLAYER 之间的基数是 15,而不是 N。

(6)最小基数

最小基数表示一个联系实例涉及到的实体实例的最小数目。通常,最小基数是 1 或 0。如果是 O,则关联的实例个数是可选的;如果是 1,则至少关联一个实例。在 E-R 图中,用连线中间的一个小圆圈表示可选联系;用斜线或竖线表示强制联系。

强制对强制联系(M-M):两端的实体都是必需的。

可选对可选联系(O-O):联系中用两个小圆圈表示。

可选对强制联系(O-M):用圆圈和竖线的组合表示。圆圈和竖线的位置很重要。圆圈位于哪项之前,则表示哪项联系是可选的。

强制对可选联系(M-O):把圆圈和直线(O-M)换一下,就变成了 M-O 联系。

和最大基数一样,有些情况下最小基数也可以是一个具体的数字。比如人数和技能之间的联系,最小基数可以是 2-O(可选)。

(7)IE 鸦脚模型 E-R 图

目前,E-R 模型至少有三个不同版本在使用。第一个称为 Information Engineering 或者 IE，它由 James Martin 于 1990 年发明。使用"鸦脚"来表示联系中表示多的一方，故有时也称为鸦脚模型，中文多译为"实体-关联"或"实体-联系"。

1993 年，另一个版本的 E-R 模型出现并成为美国国家标准。这个版本称为 IDEF1X 或者 Integrated Definition 1 Extended。这个标准延续了 E-R 模型的基本概念，但使用不同的标记方法。这种标准难于被理解和使用，但由于它被用于政府中，因此也是比较重要的模型。

此外，还有一种新的基于对象的开发方法，称为 Unified Modeling Language(UML)，也支持 E-R 模型，但它使用自己的标记方法。

"鸦脚"符号使用如表 5-1 所示的符号表示联系基数。靠近实体的标记表示最大基数，其他标记表示最小基数。一条竖线表示 1(因此也是强制的)，一个圆圈表示 O(可选的)，鸦脚符号表示多个。

表 5-1　鸦脚符号

符号	含义
	单-强制的
	多-强制的
	单-可选的
	多-可选的

对于鸦脚符号还没有完整的标准，当第一次使用时，会解释用到的符号和标记。你可以得到各种各样的鸦脚符号模型产品，它们很容易理解而且跟原始的 E-R 图有关联。注意到其他产品使用的圆圈、竖线、鸦脚和其他符号可能有轻微差别。如果所使用的建模工具不支持

鸦脚模型,则应该把书中的模型转换到目前所使用的工具中。

(8)强实体和弱实体

强实体(strong entity)是指能够独立存在的实体。除了强实体,E-R模型最初版本包含弱实体(weak entity)的概念,它被定义为一个实体的存在依赖于另一个实体。

(9)ID 依赖实体

E-R 模型包括一类称为 ID 依赖实体(ID-dependent entity)的实体。如果一个实体的标识符中包括另一个实体的标识符,则这个实体称为 ID 依赖实体。

只有当父实体(它依赖的实体)存在时,ID 依赖实体才可能存在。因此,从 ID 依赖实体到它的父实体的最小基数总是 1。另一方面,父实体是否必须拥有 ID 依赖实体则视具体应用而定。

E-R 模型使用标识联系来表示 ID 依赖实体。大多数数据建模工具使用实线表示标识联系,使用虚线表示非标识联系。在 ID 依赖联系中,父实体是必需的,而子实体可以是必需的,也可以是可选的。

ID 依赖实体对数据库设计提出了一些要求。代表父实体的行必须在代表它的 ID 依赖子实体之前创建。当删除一个父行时,所有子行也必须被删除。

(10)非 ID 依赖弱实体

所有 ID 依赖实体都是弱实体,但根据原始 E-R 模型,一些弱实体并不是 ID 依赖实体。弱实体的定义是隐含着歧义的,而且对于不同的数据库设计者对歧义的解释也不同。这个有着歧义的地方是,如果一个弱实体定义为数据库中的任何实体依赖于另外一个实体,那么一个联系中任何有着一到两个实体的最小基数的实体都是弱实体。

为了避免这些情况,一些人把弱实体的定义解释得更窄。他们认为弱实体是一个实体在逻辑上依赖于另一个实体。

ID 依赖和弱实体的特征总结如下:

①ID 依赖实体是标识符包含另一个实体标识符的实体。

②标识联系用来表示 ID 依赖实体。

③弱实体是它的存在依赖与其他实体的实体。

④所有 ID 依赖实体都是弱实体。

⑤有时,一个实体是弱实体,但不是 ID 依赖实体。在建模工具中,它们被表示成非标识联系,然后用单独的文档来说明它们是弱实体。

(11)子类型实体

扩展的 E-R 模型引入了子类型的概念。子类型(subtype)实体是超类型(supertype)实体的特例。在 E-R 模型中,我们使用一个圆圈,并在圆圈下面画一条线作为超类型标记,用来表示超类型—子类型联系,这个符号可认为是一(圆圈)对一(线段)可选择联系。此外,使用实心线来表示 ID 依赖子实体,因为每一个子实体都依赖于超实体。

某些情况下,超类型实体可以表示一个实例是属于哪个子类型的。决定哪个超类型是适当的属性称为鉴别器(discriminator)。在 E-R 图中,鉴别器的表示在超类型符号旁边。不是所有的超类型都包含鉴别器属性。如果不包含,则需在应用程序中明确属于哪种子类型。

子类型可以是互斥的,也可以是相容的。如果是互斥子类型(ex-clusive subtype),则其类型实例最多与一个子类型相联系;如果是相容的(inclusive subtype),则超类型的实例可以与一个或多个子类型相联系。

5.3.2　表单、报表和 E-R 模型中涉及的模式

要获得数据模型的最好方法就是研究用户的表单和报表。从这些文件中可以总结出实体及其相互联系。可以说,表单和报表的结构决定了数据模型的结构,数据模型的结构也决定表单和报表的结构。因此,可以从表单和报表中得到实体和联系的信息。此外,还可以使用表单和报表来验证模型。根据模型创建表单和报表,然后把表单和报表

交给用户以得到反馈。如果没有合适的表单和报表,可以创建表单报表原型给用户去评估。

1. 强实体模式

在两个强实体间可能存在 1∶1,1∶N,N∶M 三种联系,当决定是哪一种时,必须知道最大基数和最小基数。通常可以从表单和报表得出最大基数,而最小基数则要同用户交流来获取。

(1)1∶1 强实体联系

通常为了表示这个联系,会在这两个实体间画一个非标识联系(表示是强联系但不是 ID 依赖的)。设置最大基数为 1∶1。虚线用来表示这是一个非标识联系。没有鸦脚分支,这是一个 1∶1 的联系。至于最小基数,当表单和报表仅仅存在一些实例时,并不能显示出所有的可能性。此时若要获得最小基数应研究别的表单或报表,或者同用户交流。通常情况下,从表单和报表中无法获得最小基数的信息,应该通过询问用户来获得。

(2)1∶N 强实体联系

例如,某公司包含多个部门,这样从公司到部门的最大基数是 N。要决定是否一个部门关联到一个或多个公司,应该研究能反映这种联系的表单或报表。然而,如果用户从来不从部门的角度去看公司,没有这样的表单和报表存在,这时,需要知道联系是 1∶N 还是 N∶M,因此不能忽略这个问题。通常这种情况下,应该询问用户或者通过观察一般的商业模式来得出结论。一个部门能够属于多个公司吗?部门能被多个公司共享吗?看起来是不可能的,因此,我们判断一个部门只关联到一个公司,从而得出这个联系是 1∶N 的。

关于最小基数,我们无法得出是否一个公司一定会有部门或是否一个部门一定属于某个公司。这时,要去询问用户。

(3)N∶M 强实体联系

以供应商和供应的商品之间的联系为例,N∶M 联系就是一种供应商供应多个商品；一种商品被多个供应商供应。将这种联系进行扩展，以反映新的联系。如一个供应商是一个公司，因此，用实体 COMPANY 来表示供应商。因为并不是所有的公司都是供应商，所以从 COMPANY 到商品是可选的。另一方面，每个商品都由某个供应商供应，因此从商品到 COMPANY 是必需的。

综上所述，强实体联系有三种：1：1,1：N,N：M。可以通过表单和报表来获取某方面的最大基数，从另外的表单或报表来获取另一个方向的最大基数。如果这样的表单和报表不存在，则要通过询问用户来获得答案。通常情况下，无法从表单和报表得出最小基数。

2.ID 依赖联系

多值属性、原型/实例和关联是三种重要的使用 ID 依赖实体的模式。由于关联模式常同 N：M 强实体联系混淆，因此这里重点对关联模式进行阐述。

(1)关联模式

关联模式(association pattern)类似于 N：M 强实体联系。例如，图 5-6 报表中给出了 Price 列，用于表示某个供应商供应某个商品的价格。

Price 既不是 COMPANY 的属性，也不是 PART 的属性，而是它们之间的联系的属性。

第三个实体 QUOTATION 被创建，它包含属性 Price。QUOTATION 的标识符是 PartNumber 和 CompanyName 的组合。注意 PartNumber 是 PART 的标识符，CompanyName 是 COMPANY 的标识符，因此 QUOTATION 的标识符依赖于 PART 和 COMPANY。在图 5-7 中，PART 和 QUOTATION 的联系以及 COMPANY 和 QUOTATION 的联系都是标识联系。图中用实线来表示这两个联系。正如所有的标识联系，父实体是必需的。因此，QUOTATION 到 PART 的最小基数是 1,QUOTATION 到 COMPANY 的最小基数也是 1。相反

Part Quotations

Number	Name	SalesPrice	ROQ	QOH	Company	City	Price
1000	Cedar Sgakes	200.00	100	200			
					Bristol Systems	Machester	14.00
					ERS Systems	Vancouver	12.50
					Forrest Supplies	Denver	15.50
2000	Garage Healer	1750.00	3	4			
					Bristol Systems	Machester	950.00
					ERS Systems	Vancouver	875.00
					Kyoto Importers	Kyolo	1100.00
					Forrest Supplies	Denver	915.00
3000	Untility Cabinet	55.00	7	3			
					Ajax During	Sydney	37.50
					Forrest Supplies	Denver	42.50

图 5-6 表示关联模式的报表

方向的最小基数则根据应用需求而定。在这个例子中,一个 PART 必须有一个 QUOTATION,COMPANY 则可以没有。

关联可以发生在不止两个实体之间。例如,在图 5-8 中,这个模型表示了如何把三元联系表示成三个二元联系。ASSIGNMENT 是 CLIENT,ARCHITECT 和 PROJECT 之间的关联,它的属性是 Hours Worked。

(2)多值属性模式

在 E-R 模型中,每个属性只能有一个值。如果 COMPANY 实体只有一个 Phone Number 和一个 Contact 属性,那么一家公司至多有一个电话号码和一个联系人。然而,现实中很可能一家公司有多个电话号码或联系人。假设一家公司有三个电话号码,而其他公司可能有一个、两个或任意个。应该在建立的模型中允许公司有任意个电话号码,

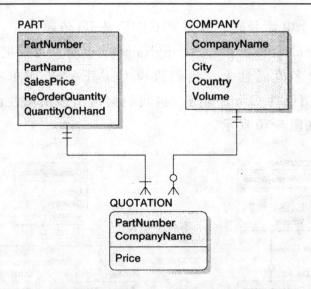

图 5-7　图 5-6 中的报表表示的关联模式数据模型

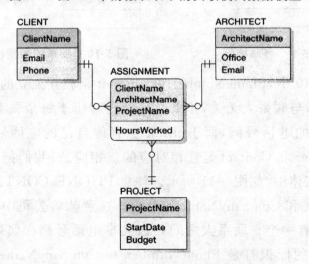

图 5-8　三元联系的关联模式数据模型

在 COMPANY 中的 PhoneNumber 属性是做不到这一点的。图 5-9 给出了一种解决方法。创建一个 ID 依赖实体 PHONE,它包含属性 PhoneNumber。COMPANY 到 PHONE 是 1:N 联系。因此一个公司可以有多个电话号码。因为 PHONE 是 ID 依赖实体,所以它的标识符是 PhoneNumber 和 CompanyName 的组合。可以把这种策略扩展到其他的多值属性上。我们假设 COMPANY 表单有多值属性 Phone 和多值属性 Contact。这时,我们给每个多值属性创建一个 ID 依赖实体,如图 5-10 所示。

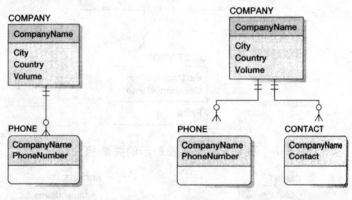

图 5-9　表单模型　　　　　图 5-10　表单的数据模型

在图 5-10 中,PhoneNumber 和 Contact 是相互独立的。电话号码对应于公司,与联系人无关,如果电话号码对应于每个联系人。例如,Alfred 有他的电话号码,而 Jackson 也有他自己的电话号码。这时,PhoneNumber 和 Contact 是互相对应的。相应地,我们把它们放到一个 ID 依赖实体中,如图 5-11 所示。注意 PHONE.CONTACT 的标识符是 Contact 和 CompanyName 的组合。这意味着公司中每个联系人的名字只能有一个。联系人之间可以共享电话号码。如果 PHONE_CONTACT 的标识符是 PhoneNumber 和 CompanyName 的组合,则每个公司中一个电话号码只能出现一次,而一个联系人可以有多个电话号码。

上述所有这些例子中,每个子实体都需要父实体的存在。这是 ID 依赖实体的特性。父实体可以有也可以没有子实体。COMPANY 可

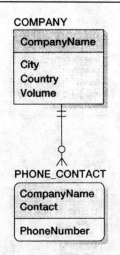

图 5-11　表单中的数据模型

以有也可以没有 PHONE 或 CONTACT 实体,必须询问用户来确定是否是 ID 依赖实体。

多值属性是共同的,可以有效地建立它们的模型,准确地理解它们的差异和它们之间隐含的差异。

(3)原型/实例模式

原型/实例模式发生于一个实体代表另一个实体的实例时。图 5-12是实例模式的一些例子。第一个是 CLASS 和 SECTION 的例子,CLASS 是原型,SECTION 是实例;第二个例子涉及设计和设计的实例,一个游艇建造商有多个游艇设计,每个设计是一个原型,针对这个设计制造出的游艇是它的实例;第三个例子是关于房屋建筑的,一个承包商有多个房屋设计,每个设计是一个原型,根据某个设计建造的房屋是它的实例。

正如 ID 依赖实体,父实体是必需的,子实体(SECTION,YACHT,HOUSE)需要根据具体应用来决定是否需要。逻辑上,原型/实例模式的子实体是 ID 依赖实体。上面的三个例子中的子实体都是 ID 依赖实体。但是有时,用户赋予实例实体另外的标识符,这时它

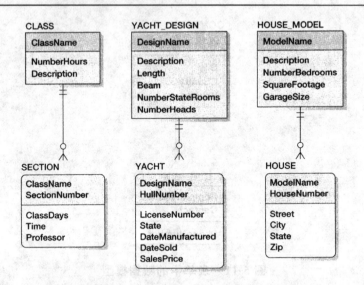

图 5-12　三个原型/实例模式的例子

就变为弱实体而不是 ID 依赖实体。

　　例如,尽管可以用 ClassName 和 SectionNumber 作为 SECTION 的标识符,但大学可以给每个 SECTION 添加一个新的标识符:ReferenceNumber。这时,SECTION 就不再是 ID 依赖实体,而是一个弱实体。对 YACHT 和 HOUSE 也可以做类似的修改。对于 YACHT,如果把标识符从(HullNumber,DesignName)变为(LicenseNumber,State),它也变成弱的、非 ID 依赖实体。对于 HOUSE,如果把标识符从(HouseNumber,ModelName)变为(Street,City,State,Zip),它同样变成弱的、非 ID 依赖实体。图 5-13 显示了所有这些变化。

　　3. 混合表示和非表示模式

　　一些模式既包括标识联系,又包括非标识联系。其中一个经典的例子是行元模式(line-item pattern),另外还有一些别的混合模式。

　　(1)行元模式

　　以某公司的销售订单或发票为例。这类表单通常包含订单本身的信息,例如订单号、订单日期、关于客户的数据、关于销售人员的数据以

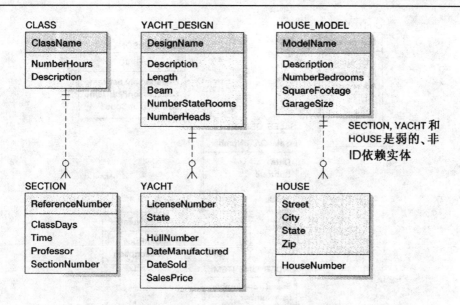

图 5-13 三个弱的、非 ID 依赖实例

及关于货物的数据。图 5-14 是对 SALES_ORDER 的典型数据建模。CUSTOMER, SALESPERSON, SALES_ORDER 都是强实体, 它们含有非标识联系。CUSTOMER 到 SALES_ORDER 是 1：N 联系；SAIJESPERSON 到 SALES_ORDER 也是 1：N 联系。根据这个模型, 一个 SALES_ORDER 必须包含一个 CUSTOMER, 有可能包含 SALESPERSON。这些都是显而易见的。

订单上的每行没有自己的标识符。行的标识符是行本身的标识符和订单标识符的组合。行元总是 ID 依赖实体。从图 5-14 可以看出, ORDER_LINE_ITEM 实体 ID 依赖于 SALES ORDER。ORDER_LINE_ITEM 的标识符是（SalesOrderNumber, LineNumber）。ORDER_LINE_ITEM 的存在不依赖于 ITEM。即使这个 ITEM 不存在, 对应的 ORDER_LINE_ITEM 也可以存在。并且, 如果一个 ITEM 被删除, 我们不希望把包含它的 ORDER_LINE_ITEM 也删除。对 ITEM 的删除也能使得 ItemNumber 或其他数据变得无效, 但它不应该

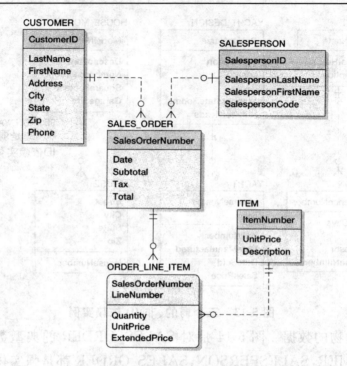

图 5-14　销售订单中的数据模型

使得对应的行从订单上消失。

　　另一方面,考虑当一个订单数据被删除时,行元会发生什么。不像项目删除只会使得数据无效,订单的删除会删除行元。逻辑上,如果订单被删除,它上面的行元也应该被删除。因此,行元存在依赖于订单。

　　(2)其他混合模型

　　标识联系和非标识联系的混合模型经常发生。当一个强实体包含一个多值合成的组,并且这个合成组中有一个元素是另一个实体的标识符时,应该考察是否存在混合模式。

　　4.For-use-by 模式

　　我们使用子类型的目的是尽量避免不适合类型的 null 值。当一些表单中包括灰色区域,且这些区域有标签"For Use By someone/

something Only",这时需要考虑使用子类型。

5. 递归模式

当实体有到它本身的联系时,就是递归联系。递归联系的经典例子存在于制造业应用中。类似于强实体,递归联系也包括 1∶1,1∶N, N∶M 三种类型。

其中,N∶M 递归联系还可以用来表示有向网络,例如在多个部门之间文件的传递或气体在管道中的流动。它们还可以用来表示双亲关系,这时可以同时包括父亲、母亲以及继父、继母。如果觉得递归模型难以理解,不必担心。一旦掌握了如何识别递归模式,就会发现为它们建模非常简单。

在数据建模过程中,开发小组分析用户模型,根据表单、报表、数据源以及用户交流来建立数据模型。这个过程总是循环进行的。首先根据某个报表或表单来建立,然后根据别的表单报表进行调整。并且周期性地询问用户来得到额外的信息,例如估计最小基数。还需要用户来审核验证建好的模型。

5.4 把数据模型转变成数据库设计

将数据模型转化成数据库设计的步骤如下:

①为每一个实体创建一个表:明确主键;明确候选键;明确每一列的属性,包括空值状态、数据类型、默认值(如果有)、数据约束(如果有);规范性验证。

②通过放置外键来表示联系:强实体(1∶1;1∶N,N∶M);ID 依赖(关联、多值、原型/实例);混合;子类型;递归(1∶1;1∶N,N∶M)。

③明确保证最小基数的方法:M-O、O-M、M-M。

5.4.1 为实体创建表

下面通过建表来开始数据库的设计。大多数情况下,表的名字和实体名字相同。实体的每个属性变成表中的一个列。实体的标识符变成表的主键。

1. 主键的选择

选择主键是非常重要的。DBMS 利用主键优化表的搜索和排序,创建索引和其他的数据结构,以及组织表的存储。理想的主键要求要短、是数字型的、固定长度的。对于一些长的字符型的主键,还应该考虑使用别的候选键来代替这种主键。如果没有更好的选择,则应考虑使用代理关键字。

代理关键字(surrogate key)是 DBMS 提供的能够标识唯一行的列。在表中它的值是唯一的,并且永远不会改变。当新添加行时,自动为代理关键字生成一个值;当一行删除时,这个值也被删除。代理关键字是最好的主键,因为它满足主键应有的三个特点。由于这个特性,有些组织甚至要求每张表都使用代理关键字作为主键。当然代理关键字还是有其弊端的。首先是它的值对于用户来说是没有意义的;其次,当数据分布在不同的表中时,就会暴露出代理关键字的第二个缺点。

当然,可以在不同的数据库中让代理关键字的开始值不同。这样不同数据库中的 ID 值就不会重复。但这需要非常仔细地设计开始值,并且如果开始值设置得太小,则可能会被轻易地超出,从而再次造成重复。

2. 明确候选键

候选键(candidate key)就是可选的标识符,用来标识表中行的唯一性。一些产品使用术语 alternate key(AK),其意思是相同的。

3. 明确列的属性

创建表的下一步是明确列的属性。下面给出了 4 个属性：空值状态、数据类型、默认值和数据约束。

(1)空值状态

表示这一列是否允许 null 值出现。一般情况下，如果选择 NULL，则允许出现 null 值；如果选择 NOT NULL，则不允许出现 null 值。注意，NULL 并不表示这一列的所有取值都是 null，它表示允许 null 值。为了消除这种误解，还可以用 NULL ALLOWED 来代替 NULL。

(2)数据类型

每个 DBMS 产品都有自己的类型集合，如 Microsoft Access 有数据类型 Currency；SQL Server 有 Money；Oracle 则没有专门的类型表示货币，它用数值型来表示。如果你事先知道会使用哪种 DBMS 产品，则应该在设计时使用它的数据类型集合。事实上，在许多建模工具中，允许指定要使用的 DBMS 类型，指定之后建模工具就会支持这种 DBMS 中的数据类型。如果不知道将使用哪种 DBMS 产品，或想在设计时不依赖于特定的 DBMS 产品，可以把相应列指定为通用的数据类型。典型的数据类型有：CHAR(n)表示固定长度 n 的字符串；VAR-CHAR(n)表示指定了最大长度的变长的字符串；还有 DATE，TIME，MONEY，INTEGER 和 DECIMAL。如果在一个大型的组织中进行设计，则这个公司可能有自己的通用数据类型，应该使用这些数据类型。

(3)默认值

默认值(default value)是当 DBMS 创建一个新的行时，为某些列自动设定的值。可以设定常数，也可以是一个函数的结果，还可以使用更复杂的方法来设定默认值。使用建模工具来记录默认值时，通常会写在一个单独的设计文档中。

（4）数据约束

数据约束（data constraint）用来约束数据的取值，它有几种类型。

①域约束（domain constraint）限制相应列只可以取被允许的几个值。

②范围约束（range constraint）限定只可以取某个范围内的值。

③关系内约束（intrerelation constraint）通过和同一张表中的其他列比较来进行约束。

④关系间约束（interrelation constraint）通过与别的表中的列比较来进行约束。

引用完整性约束是关系间约束的一种。由于它非常普遍，所以通常只有在不使用的时候才被记录。例如，一个开发小组为了节约工作开销，规定每个外键都遵循引用完整性约束，只有不遵循的时候才记录。

4. 规范性验证

创建表的最后一步是进行规范性验证。当根据表单或报表来设计数据模型时，设计出的实体通常是规范化的，因为表单或报表的结构往往反映了用户对数据的理解。例如，表单中的边界通常表明了函数依赖的范围。如果觉得这点难以理解，考虑一个主题中的函数依赖。一个设计良好的表单或报表通常会使用线条、颜色、方框或其他的图形来表示主题。建模工具可以用这些图形来设计实体，从而设计出规范化的表。

但仍然应该对表进行验证。应该考虑是否所有的表满足 BCNF以及是否所有的多值依赖都被消除了。如果不满足，则应该对表进行规范化。此外，对于一些不应该被规范化的表，此时应该检查一下，看是否有的表应该被反规范化。

5.4.2　为表创建联系

创建出的表是完整且独立的,此时需要为其创建联系。通常,通过在表中设置外键来表示联系。具体方法和外键列的属性依赖于联系的类型。

1. 强实体联系

强实体联系根据最大基数可以分为:1∶1,1∶N,N∶M。

(1)1∶1 强实体联系

可以使用两种方法来表示 1∶1 强实体联系:把第一张表的主键作为外键放到第二张表中,或把第二张表的主键作为外键放到第一张表中。为了在 DBMS 中反映唯一性原则,通常会把外键定义成候选键。

这两种方法都是可行的。但是这两种设计都有一个限制:因为联系是 1∶1 的,所以外键的值只可以出现一次两种设计都可以使用,但一个设计小组应该有所侧重。如果这个联系的最小基数是 M-O 或 O-M 的,则更加应如此。因为应用需求使得一种设计会明显比另一种高效。

综上所述,如果要在表中表示 1∶1 强实体联系,把一个表的键作为另一张表的外键。为了强调最大基数是 1,应该把外键设置成候选键。

(2)1∶N 强实体联系

在强实体相应的表设计完成之后,如果要表示 1∶N 强实体联系,应该把对应"1"的那一端的表的键放到对应"N"的那一端的表中。在前面的章节中,我们用父亲来表示对应"1"所在端的表,用孩子来表示对应"N"的表。使用这种表示方式,可以表达为"把父亲的键作为外键放到孩子表中"。因为父记录有多个子记录,所以外键没有必要设成唯一。

对于 1∶N 强实体联系,这就是所有要做的。只需记住:"把父表的主键设成子表的外键"即可。

(3)N∶M 强实体联系

在强实体相应的表设计完成之后,再创建联系。然而,N∶M 强实体联系更加复杂。问题在于,不可能在任何一张表中放置外键。

假定我们想要通过把某张表的主键作为另一张表的外键的方法来表示 1∶N 这个联系,则可以建立第三张表,称为交表(intersection table)。这张表只包含外键,不包含用户数据。交表的每一列都是主键的一部分,每一列都是一个外键。因为交表的列都是对应于其他表的外键,它总是 ID 依赖于它的两个父表。

2. 使用 ID 依赖实体的联系

ID 依赖实体的 4 种使用方法为:代表 N∶M 联系、关联联系、多值属性、原型/实例联系。这里只阐述代表 N∶M 强实体联系。

ID 依赖交表的建立是为了存放两个相关表中的外键,并确保每张表和交表之间 1∶N 联系已经被创建。

(1)关联联系

关联联系和 N∶M 强实体联系很相似。唯一区别是关联联系含有只针对联系本身,而不是针对这两个实体的属性。

在数据库设计中,正如所有的 ID 依赖联系,关联表中的父表是必需的。相反地,父表中的行是否依赖于关联表中的行,视具体应用程序而定。有时关联实体连接的实体类型多于两个。如果一个联系有多个实体参与,设计方法和只有两个实体时是相似的。注意,所有这些例子都只有一个属于联系本身的属性(偶然现象)。通常,应用需求有多少个这类的属性,关联表就会包含多少个这种类的列。

(2)多值属性

ID 依赖实体的第三个用途是表示多值实体属性。COMPANY 含有一个多值组合(Contact,PhoneNumber),ID 依赖实体 PHONE_

CONTACT 用来代表它。表示 PHONE_CONTACT 实体很简单,只需要把它放到一张表中,为每个属性创建一个列。这样属性 Contact 既是主键又是外键。

就像所有的 ID 依赖表一样,PHONE_CONTACT 必须在 COMPANY 中有一行。相反,COMPANY 中的行可以有对应的 PHONgm-CONTACT 的行,也可以没有,视应用需求而定。

(3)原型/实例模式

原型/实例模式中的实例有它自己的标识符。实例实体变成一个弱实体、非 ID 依赖实体。这时,这个联系必须像 1∶N 强联系那样转换。这意味着父表的键要放到子表中。

(4)非 ID 依赖弱实体联系

强实体和非 ID 依赖弱实体之间的联系很像两个强实体间的联系。前面讨论的强实体之间的 1∶1,1∶N 和 N∶M 联系,同样可以用于强实体和非 ID 依赖弱实体之间的联系形式。当一个 ID 依赖实体的父实体使用代理关键字时,ID 依赖实体也使用自己的代理关键字。得到的结果是弱实体、但不是 ID 依赖实体。

3. 混合实体联系

混合实体联系的设计既包含强实体设计,也包含 ID 依赖实体的设计。在 E-R 模型数据库设计中,假设 EmployeeNumber 既是 EMPLOYEE_SKILL 的主键的一部分,又是指向 EMPLOYEE 的外键。EMPLOYEE_SKILL 和 SKILL 之间 1∶N 的非标识联系用 EMPLOYEE_ SKIlL 中的外键和 Name 来表示。EMPLOYEE_ SKILL. Name 是外键但不是 EMPLOYEE_SKILL 主键的一部分。使用相同的策略对其进行转换。在 ID 依赖表 ORDER_LINE_ITEM 中,SalesOrder. Number 既是它的主键的一部分,又是外键,而 ItemNumber 只是外键。

4. 超类型与子类型实体间的联系

表示超类型实体和它们子类型实体间的联系是很简单的,这些联系又称为 IS-A 联系,因为一个子类型和它的超类型都是代表同样的实体。

图 5-15 是关于 STUDENT 的两个子类型实体的例子。注意到 STUDENT 的键是 StudentID,而它的每一个子类型实体的键也是 StudentID。UNDERGRADUATE. StudentID 和 GRADUATE. StudentID 都是主键并且是它们超类型实体的外键。

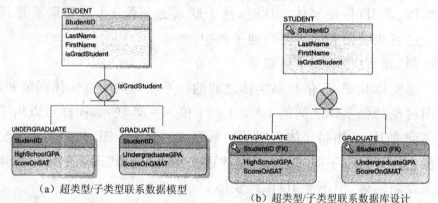

(a) 超类型/子类型联系数据模型　　(b) 超类型/子类型联系数据库设计

图 5-15　超类型/子类型模型的转化

无法在关系设计中表示鉴别器属性,只能把它写到设计文档中,标明 isGradStudent 是鉴别器属性。需要手动编写代码来使用 isGradStudent 决定 STUDENT 的具体子类型。

5. 递归联系

转换递归联系的方法是转换强实体方法的扩展。

(1)1:1 递归联系

以 1:1 递归 BOXCAR 联系为例,为了表示这个联系,需要在 BOXCAR 中创建一个外键,它包含前面车厢的标识符。由于这个联系是 1:1 的,因此可以通过将其定义成 UNIQUE 使外键唯一(这里显示成替换键)。这种显示就规定了在车厢的前面最多只有一节车厢存在。

联系两端都是可选的,因为最后一节车厢不是任何车厢的前一节车厢;第一节车厢没有前一节车厢。如果是循环的,则不会有这个限制。

(2)1∶N 递归联系

如同其他 1∶N 联系,可以通过把父表的键放到子表中来表示 1∶N 递归联系。如图 5-16(a)所示,我们在 EMPLOYEE 表中的每一行都添加经理的名字。转换成数据库设计的结果,如图 5-16(b)所示。

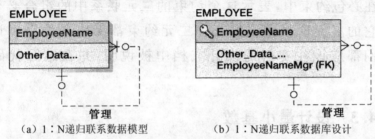

(a) 1∶N递归联系数据模型　　　(b) 1∶N递归联系数据库设计

图 5-16　1∶N 递归联系的表示

注意联系两端都是可选的,这是因为有的员工没有经理,有的员工不管理任何别的员工。如果数据结构是循环的,则两端不是可选的。

(3)N∶M 递归联系

转换 N∶M 递归联系的方法是通过创建一个交表,把它分解成两个 1∶N 联系。这样将创建交表,也就是 N∶M 联系之间的强实体。

例如,对于部件而言,每个部件都可能包含若干个子部件,并且每个部件都可能是若干个部件的子部件。为了代表这个联系,创建一个交表来表示部件/部件的使用。可以选择任何一个方向。对于前者,交表将保存部件和它用于的部件。对于后者,交表将保存部件和它使用的部件。

6. 代表三元或多元联系

三元或多元联系可以表示成几个二元联系。大多数情况下,这种表示方法是没有问题的。但是有时这种方法会带来一些限制,进而增加设计的复杂性。

要求一个实体必须和另一个实体同时出现的约束称为必存约束(MUST constraint)。类似的约束还有必无约束(MUST NOT constraint)和必包约束(MUST COVER constraint)。在必无约束中,一个二元联系表示在它中出现的二元组合不能出现在包含它的三元联系中。在必包约束中,表示这个约束的二元联系中的组合必须出现在包含它的三元联系中。这三种二元约束都无法在关系设计中表示。它们都应该在专门的设计文档中被说明,并在编写代码时被体现。

5.4.3   设计最小基数

把数据模型转化成数据库设计的最后一步(第三步)是设计如何来保证最小基数。这一步远比前两步复杂。子实体必要的联系总会出现问题,因为无法使用数据库结构来保证这个约束。代替的方法是,必须设计由 DBMS 或应用程序执行的过程来做到这一点。

通常,联系有 4 种类型的最小基数:O-O,M-O,O-M,M-M。就保证最小基数而言,O-O 联系不需要任何额外的动作。剩下的三种联系在数据库的插入、更新和删除时都会产生一些约束。

下面对用于保证最小基数所需要的动作进行了总结。表 5-2 显示了当父记录必需时(M-O,M-M 联系)所需要的动作,表 5-3 显示了当子记录必需时(O-M,M-M 联系)所需要的动作。这里,术语"动作"表示保证最小基数的动作。

表 5-2 父记录必需时的动作

父记录必需	父表中的动作	子表中的工作
插入	没有动作	·获得父记录 ·禁止
更改键或外键	·更改子表中的外键以匹配新的值(级联更新) ·禁止	如果新的外键值和父表中的某个主键匹配,则允许
删除	·删除子记录 ·禁止	没有动作

表 5-3 子记录必需时的动作

父记录必需	父表中的动作	子表中的工作
插入	·获得一个子记录 ·禁止	没有动作
更改键或外键	·更改(至少一个)子记录的外键 ·禁止	·如果不是最后一个,则允许 ·否则,找一个新的替代品或禁止
删除	没有动作	·如果不是最后一个,则允许 ·否则,找一个新的替代品或禁止

1. 父记录必需时的动作

当父记录必需时,需要保证子表中的每条记录都有一个有效的、非空的外键。为了达到这个目的,必须限制对父记录的主键的更新和删除操作,以及对子记录的外键的创建和更改操作。首先考虑父记录。

(1)父记录必需时父表中的动作

当父表中要创建一个新的记录时,没有任何限制。因为这时子表中没有任何记录依赖于这条记录。而不必担心它的最小基数。然而，考虑如果改变一个已存在的父记录的主键时会发生什么情况。如果这条记录有子记录，则这些子记录的外键和现在这条父记录的主键相匹配。如果这条父记录的主键被改变，则所有这些子记录将变成"孤儿"，它们的外键将不再匹配父记录。为了阻止"孤儿"的产生，或者父记录改变时子记录的外键也同时改变，或者禁止父记录的主键改变。

父记录主键的改变造成子记录外键改变的策略，称为级联更新（cascading update）。现在考虑要删除一条父记录的情况。假设这条记录有子记录，如果这个删除被允许，则它的子记录将变成"孤儿"。因此，当这种删除发生时，或者它的子记录也被删除，或者禁止父记录的删除。删除父记录使得子记录被删除的策略，称为级联删除（cascading deletion）。

（2）父记录必需时子表中的动作

现在考虑子表中的动作。如果父记录是必需的，当一个新的子记录被创建时，这条记录必引用一个有效的外键值。

通常有一个默认的策略来为新的子记录分配父记录。此外，对于改变外键的值，新的值必须和父表中某条记录的主键相匹配。如果不这样做，这一改变将会被禁止。如果子记录是必需的，则子表中的删除没有任何限制。

2. 子记录必需时的动作

当子记录必需时，需要保证任何时候父表中的记录都必须有至少一条子记录。保证子记录必需是困难的。为了保证父记录必需，只需要检查外键是否与某个主键匹配。而为了保证子记录必需，必须计数父记录拥有的子记录个数。这个区别使得必须编写额外的代码。首先，考虑父表的情况。

（1）子记录必需时父表中的动作

如果子记录必需，则不能创建没有子记录的父记录。这意味着或者要在子表中选一条记录,把它的外键改成父表中新记录的主键;或者在子表中创建一条新的记录,它的外键等于父表中新记录的主键。如果这两个动作都不允许,则父表中新的插入动作将被禁止。

如果子记录必需,为了更改父表中某条记录的主键,或者至少它的一个子记录的外键也做相应修改,或者这个更新操作被禁止。这个限制不应用于含有代理关键字的父表,因为它的主键不会被更新。

最后,如果子记录必需,父表中要删除某条记录时,不需要任何动作。

(2)子记录必需时子表中的动作

子记录必需时,子表中插入记录不需要任何额外的动作。然而,更新子记录的外键时会有限制。如果被更新的子记录是它的父记录的唯一一条子记录,这个更新将不允许发生。如果在这种情况下进行了更新,则它的父记录就不再有子记录,这是不允许的。因此,必须编写一个过程来计算当前父记录的子记录数。如果计数大于1,更新被允许,否则被禁止。

一个类似的限制发生在删除必需的子记录时。如果被删除的子记录是它的父记录的唯一一条子记录,这个删除不允许发生。否则,删除不受影响。

3. 对于 M-O 联系的动作实现

表 5-4 总结了表 5-2 中每种类型最小基数的动作应用。O-O 联系不限制任何动作。M-O 联系需要注意表 5-2 中的动作。需要保证子表中每条记录都有父记录,并且父表和子表中的操作都不会产生"孤儿"。幸运的是,在大多数现有的 DBMS 中,这些动作很容易被实现。我们只需要增加两个限制。首先,定义一个引用完整性约束来保证每个外键都匹配父表的某个主键。其次,定义外键为 NOT NULL。利用这两个约束,在表 5-2 中的动作都将执行。

表 5-4   用于保证最小基数的动作

联系的最小基数	动作	注释
O-O	没有	没有
M-O	表 5-2 中父记录必需的动作	可以在 DBMS 中轻易实现，定义一个引用完整性约束和定义外键为 NOT NULL
O-M	表 5-3 中子记录必需的动作	实现困难,利用触发器或应用程序来实现
M-M	表 5-2 中父记录必需的动作 表 5-3 中子记录必需的动作	非常难以实现。需要触发器的复杂组合,别存在矛盾,有很多问题

几乎所有的 DBMS 产品都可以定义这种引用完整性约束,一旦定义了引用完整性约束并把外键设成 NOT NULL,DBMS 会执行表 5-2 中所有的动作。

4.O-M 联系的动作实现

如果子记录必需,DBMS 无法提供足够的帮助。没有简单的方法来保证需要的子记录存在,也没有简单的方法来保证当插入、更新和删除记录时联系仍然保持有效。大多数情况下,需要使用触发器(trigger)。几乎所有的 DBMS 都可以定义插入、更新和删除的触发器。触发器需要在明确的表上定义。

为了说明如何使用触发器来保证子记录必需,考虑表 5-4。在父表中,我们需要编写父表中插入和更新的触发器。这些触发器或者建立新的子记录,或者把别的子记录改成新的父记录的子记录。如果它们无法执行其中一种操作,就必须取消插入或更新操作。

对于子表,记录可以很好地被插入。然而,一旦作为父记录的最后一个子记录,则子表记录不能离开它的父记录。因此,需要编写更新或删除触发器来保证这一点。如果外键具有值,则一定检查该行是否是最后一个子记录。如果是则必须同时删除父、子记录;或者禁止更新或删除。

DBMS 无法自动地实现这些动作。你必须自己编写代码来执行这些规则。

5. M-M 联系的动作实现

保证 M-M 联系的最小基数是非常困难的。表 5-2 和表 5-3 中的动作要同时被执行。父记录和子记录都是必需的。

例如,图 5-17 中 DEPARTMENT 和 EMPLOYEE 联系为 M-M 时,DEPARTMENT 和 EMPLOYEE 表的插入动作。在 DEPART-MENT 表中,必须编写插入触发器来先建一个 EMPLOYEE 以匹配新的 DEPARTMENT。然而,EMPLOYEE 有它自己的插入触发器。因此,当我们想要插入一个新的 EMPLOYEE 时,DBMS 会调用它的插入触发器,除非它已经有自己的 DEPARTMENT,否则会阻止 EM-PLOYEE 的插入。但由于新的 DEPARTMENT 记录还没有被插入,这将形成一个循环。

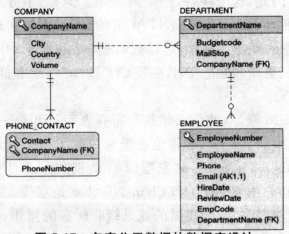

图 5-17　多家公司数据的数据库设计

现在考虑 M-M 联系的删除操作。假定要删除一条 DEPART-MENT 中的记录。我们不能删除拥有 EMPLOYEE 的 DEPART-MENT 记录。因此,在删除 DEPARTMENT 记录前,必须重新分配(或删除)它的子记录。但是 EMPLOYEE 的触发器会被触发,将无法重分配(删除)它的最后一个子记录。这时陷入一个僵局:最后一条子记录不能被删除,但只有最后一条子记录被删除,这个父记录才能被删除。

有几种解决方法,但每一种都不是非常安全的。因此,最好的建议就是尽量避免 M-M 联系。如果实在无法避免,要充分地预算你的时间。

6. 特殊的 M-M 联系的实现方法

并不是所有的 M-M 联系都这样困难。尽管强实体间的 M-M 联系通常都是这样复杂的,强实体和弱实体间的 M-M 联系相比而言更加简单。例如,考虑图 5-17 中 COMPANY 和 PHONE_CONTACT 之间的联系。因为 PHONE_CONTACT 是 ID 依赖弱实体,它必须具有一个 COMPANY 父实体。另外,假定 COMPANY 必须有 PHONE_CONTACT。因此,这个联系是 M-M 联系。但是,事务通常从强实体开始。因此,所有 PHONE_CONTACT 的插入、更新和删除都开始于 COMPANY 中的动作。这样,可以忽略表 5-2 和表 5-3 中子列的动作。没有人会插入、更新和删除 PHONE_CONTACT,除非插入、更新和删除 COMPANY。

因为是 M-M 联系,我们必须执行所有表 5-2 和表 5-3 中父列的动作。关于父表中插入记录,必须也在子表中插入一条记录。可以编写一个 COMPANY INSERT 触发器来自动创建一条 PHONE CON-TACT 的记录,它的 Contact 和 PhoneNumber 是空值。

关于更新和删除,我们要做的就是级联所有的操作,参见表 5-2 和表 5-3。COMPANY_CompanyName 的改变会造成 PHONE_CON-

TACT. CompanyName 的改变。COMPANY 中删除记录会使得它的子记录也被删除。如果不需要某家公司的数据,当然也不需要它的联系电话的数据。

7. 文档化最小基数的设计

因为针对最小基数设计比较复杂,而且常常要创建触发器和过程,把最小基数的设计写入文档中是很必要的。

(1)父记录必需情况的文档化

数据库模型和设计工具,比如 Erwin、Visio 和 MySQL Workbench,允许用户在每张表上定义引用完整性(RI)动作。对于父记录必需情况的文档化这些定义非常有用。根据表 5-2,子记录必需的情况下,需要做三种设计判断:①判断父记录主键的更新应该禁止还是级联;②判断父记录的删除应该禁止还是级联;③当插入一条新的子记录时,如何选择它的父记录。

(2)子记录必需情况的文档化

一种简单的、没有歧义的定义保证子记录必需的动作的方法是把表 5-2 作为样板文件。把这张表为每个子记录必需的联系复制一份,在其中填入需要的动作。

(3)其他的复杂性

一张表可能涉及多个联系。事实上,同样两张表之间可能也有多个联系。需要为其中的每一个联系定义最小基数,不同联系的最小基数很可能是不同的。一些可能是 O-M,别的可能是 M-O 或 M-M。一些需要使用触发器,这意味着可能一张表中有多个触发器。触发器的集合不仅编写和测试非常复杂,触发器之间可能会在执行过程中互有影响。为这种情况进行设计需要大量的经验和知识。现在,只需要记住它的复杂性。

8. 最小基数设计的总结

表 5-5 总结了最小基数的设计,它包含了每种类型的联系、每种类

型联系需要的设计决策和需要的文档化,可作为以后设计的指导方针。

表 5-5　保证最小基数设计的总结

联系的最小基数	设计要考虑的问题	设计的文档化
M-O	·级联更新或者禁止 ·级联删除或者禁止 ·子表中插入记录时赋予父记录的策略	应用完整性动作以及用来说明子表中插入记录时赋予父记录策略的文档
O-M	·父表中插入记录时赋予父记录的策略 ·主键级联更新或禁止 ·更新子记录外键的策略 ·删除子记录的策略	使用表 5-3
M-M	上面的所有问题,以及如何解决插入一个父/子记录和删除最后一个父/子记录的触发器冲突	对于父记录必需,引用完整性动作以及说明子表中插入记录时赋予父记录策略的文档;对于子记录必需,使用表 5-2,以及说明触发器冲突的文档

第6章　关系数据库的应用与实现

本章主要就关系数据库的应用处理、数据库再设计的实现，以及多用户数据库处理实现中的相关问题进行阐述。

6.1　对数据库进行应用处理

SQL 语言可分为两类：数据操作语言（DML）语句用来进行查询和修改数据；数据定义语言（DDL）语句用来建立表、联系和其他结构。此外，增加的联接操作用于可选择的联接语法，以及外联接。

6.1.1　用 SQL DDL 管理表结构

SQL CREATE TABLE 语句用来创建表，定义属性列和属性列的约束及创建联系。大多数 DBMS 产品都提供绘图工具可以完成以上任务。使用 SQL 来完成上述任务具有以下优点：

①建立表和联系时，用 SQL 语句要比用绘图工具快一些，一旦学会使用 SQL CREATE TABLE 语句，建立表时要比使用按钮和绘图的花招而忙得团团转要快得多。

②一些应用软件，尤其是要做报表、查询和数据挖掘的程序需要快速创建同样的表。如果使用必要的 SQL CREATE TABLE 语句建立一个文本文件，就能有效地完成这些任务。

③一些应用程序在应用过程中需要建立一些临时表，从程序代码中建表的唯一方法就是使用 SQL 语句。

④SQL DDL 是标准的并且是独立于 DBMS 的。除了一些数据类

型以外,同样的建表语句可以同时在 SQL Server、Oracle、DB2 以及 MySQL 中使用。

1. 创建数据库

在建表之前首先要创建数据库。SQL-92 和随后的标准包括创建数据库的 SQL 语句,但很少被使用。相反地,很多开发者使用特殊命令或绘图工具创建数据库。这些技术都是与具体的 DBMS 相关的。

在所使用的 DBMS 中创建一个新的名为 SMS 的数据库。

2. 使用 SQL CREATE TABLE 语句

SQL CREATE TABLE 语句的基本格式如下:

CREATE TABLE NewTableName(

Three-part column definition,

Three-part column definition,

...

optional table constraints

...

);

列定义的三个组成部分是列名,列的数据类型和可选的列值上的约束。这样 CREATE TABLE 格式可以写为:

CREATE TABLE NewTableName(

    ColumnName DataTypeOptionalConstraint,

    ColumnName DataTypeoptionalConstraint,

    ...

    Optional table constraint

    ...

);

这里的列约束和表约束为 PRLMARY KEY,FOREIGN KEY,

NULL，NOT NULL，UNION 和 CHECK，此外，DEFAULT 关键字（DEFAULT 不认为是列约束）可以用来设置初值。最后，SQL 的大多数变种都支持实现代理主键的性质。

3. SQL 中数据类型的变种

每一个 DBMS 产品有它自己的 SQL 变种或扩展，SQL Server 的 SQL 扩展版本名为 Transact-SQL（T-SQL），Oracle 的 SQL 扩展版本名为 Procedural Language/SQL（PL/SQL）。然而 MySQL 的变种虽然包含了过程扩展，但仍称为 SQL。

DBMS SQL 中的变种起源于每一个商家所提供的不同数据类型。SQL 标准定义了数据类型的集合。

4. 创建表

表 6-1 和表 6-2 显示了这些表的数据库列的属性。

表 6-1　WRITER 表的数据库列特征

列名	类型	键特性	空值状态	备注
WriterID	Int	主键	不能为空	代理键 IDENTITY(1,1)
LastName	Char(25)	候选键	不能为空	AKI
FirstName	Char(25)	候选键	不能为空	AKI
Nationality	Char(30)	无	不能为空	
DateOfBirth	Numeric(4)	无	可为空	
DateDeceased	Numeric(4)	无	可为空	

表 6-2　WORK 表的数据库列特征

列名	类型	键特性	空值状态	备注
WorkID	Int	主键	不能为空	代理键 ID ENTITY(1,1)
Title	Char(35)	无	不能为空	
Copy	Char(12)	无	不能为空	
Medium	Char(35)	无	可为空	
Description	VarChar(1000)	无	可为空	默认值＝'Un Known provenance'
WriterID	Int	外键	不能为空	

这些表中共显示了三个新的特征：①Microsoft SQL IDENTITY 属性，它用来指定代理关键字。在 WRITER 表中，IDENTITY(1,1) 表达式的意思为 WriterID 是一个从 1 开始并以 1 为增长单位的代理关键字。这样，WRITER 表中的第 2 行 ArtistID 的值为(1＋1)＝2。在 WORK 表中，IDENTITY(500,1)表达式的意思为 WorkID 是一个从 500 开始并以 1 为增长单位的代理关键字。这样，WRITER 表中的第 2 行 WriterID 的值为(500＋1)＝501。②在 ARTIST 表中指定(LastName，FirstName)作为一个候选键。候选键可以使用 UNIQUE 约束来定义。③在 WORK 表的 Description 列使用 DEFAULT 列约束。DEFAULT 约束用来在插入新的一行时为其设置一个初值，前提是没有指定其他的值。

表 6-3 描述了 WRITER 表和 WORK 表的 M-O 联系，表 6-4 详细说明了 WRITER-WORK 联系中保证最小基数所需要的引用完整性动作。

表 6-3　WRITER-to-WORK 联系

联系		基数		
父	子	类型	最大	最小
WRITER	WORK	非标识	1：N	M-O

表 6-4　代理 WRITER-to-WORK 联系最小基数的动作

父 WRITER 是必需的	WRITER 上的动作（父）	WORK 上的动作（子）
插入	无	获得父实体
修改主键或外键	禁止——WRITER 代理	禁止——WRITER 使用代理键
删除	禁止——与事务有关的数据不能被删除（业务规则）	无

下面给出建立 WRITER 表的 SQL CREATE TABLE 语句。CREATE TABLE 的格式是表名后面跟着被括号括起来的所有列定义和约束，并以分号结束列表。

```
CREATE TABLE WRITER(
    WriterIDIntNOT NULL IDENTITY(1,1),
    LastNameChar(125)NOT NULL,
    FirstName Char(25) NOT NULL,
    NationalityChar(3O)NULL,
    DateOfBirthNumeric(4)NULL,
    DateDeceasedNumeric(4)NULL,
    CONSTRAINTWriterPK PRIMARY KEY(WriterID)
    CONSTRAINTWriterAK1UNIQUE(LastName,FirstName)
);
```

SQL 有几种列约束和表约束：PRIMARY KEY，NULL，NOT

NULL,UNIQUE,FOREIGN KEY 和 CHECK。PRIMARY KEY 约束用来定义表的主键,虽然它可以用来作为一个列约束,但因为它用来作为表约束去定义组合主键,我们通常把它作为表约束。NULL 和 NOT NULL 列约束用来为某列设置空值,以说明该列的数据值是否是必需的。UNIQUE 约束用来表明一列或多个列的值不能使用重复值。FOREIGN KEY 约束用来定义引用完整性约束,CHECK 用来定义数据约束。

在 CREATE TABLE 语句的第一部分,每一列都通过给出名称、数据类型和空值状态来定义。如果事先未被指定是 NULL 或 NOT NULL,则假定为 NULL。

数据库里的 DateOfBirth 和 DateDeceased 都是年份。这些列被定义为 Numeric(4,0),表示在 4 位阿拉伯数字后面有一个小数点和零。

在建立 WRITER 表的 SQL CREATE TABLE 语句中,定义的表后两部分是定义主键和候选键的约束。候选键的主要作用是确保列值的唯一性。因此,在 SQL 中,候选键用 UNIQUE 约束来定义。

这种约束的格式是 CONSTRAINT 后紧跟着开发者所命名的约束名,在约束名后就是 PRIMARY KEY 或 UNIQUE,其后的圆括号里包含一个或者多个列。比如,以下的语句定义了一个名为 MyExample 的约束,它确保了圆括号里的列中第一个名字和最后一个名字都是唯一的:

CONSTRAINT MyExample UNIQUE(FirstName,LastName),

主键列必须是 NOT NULL,但是候选键可以是 NULL 或 NOT NULL。

注意,SQL 语句最后一行结尾处的括号后面以分号结束。这个特征可以放置在上一行,但是把它们放到新的行是一种较容易区分 CREATE TABLE 语句边界的习惯。此外,列属性用逗号隔开,而在最后一列后没有逗号。

5. 创建 WORK 表和 WRITER-to-WORK 的 1：N 联系

下面给出使用 SQL 创建 WRITER 表和 WORK 表以及它们之间的联系：

CREATE TABLE WRITER(
  WriteID Int NOT NULL IDENTITY(1,1),
  LastName Char(25) NOT NULL,
  FirstName Char(25) NOT NULL,
  Nationality Char(30) NULL,
  DateOfBirth Numeric(4) NULL,
  DateDeceased Numeric(4) NULL,
  CONSTRAINT WriterPK PRIMARY KEY(WriterID),
  CONSTRAINT WriterAK1 UNIQUE(LastName,PirstName)
  );

CREATE TABLE WORK(
  WorkID Int NOT NULL IDENTITY(500,1),
  Title Char(35) NOT NULL,
  Copy Char(12) NOT NULL,
  Medium Char(35) NULL,
  [Description] Varchar(1000) NULL DEFAULT 'Unknown provenance',
  WriterID Int NOT NULL,
  CONSTRAINT WriterPK PRIMARY KEY(WorkID),
  CONSTRAINT WorkAK1 UNIQUE(Title,Copy),
  CONSTRAINT WorkFK FOREIGN KEY(WriterID)
   REFERENCES ARTIST(WriterID)
   ON UPDATE NO ACTION
   ON DELETE NO ACTION);

注意到列名 Description 被写为[Description]，这是因为该数据库管理系统使用的是 SQL Server 2008，Description 是 SQL Server 2008 的保留字，因此要使用方括号来产生一个确定的标识。

这个表中唯一的新语法就是 WORK 表最后的 FOREIGN KEY 约束，它用来定义引用完整性约束。上面的 SQL 语句中的 FOREIGN KEY 等同于以下的引用完整性约束：WORK WriterID 必须存在于 WRITER 的 WriterID 中。

注意，外键约束包含两条 SQL 语句，用来实现表 6-5 中保证最小基数的要求。SQL ON UPDATE 子句指定从 ARTIST 表到 WORK 表的更新是否是级联进行，SQL ON DELETE 子句指定 WRITER 表上的删除是否级联到 WORK 表中。

UPDATE NO ACTION 表达式是指更新一个包含子表的表的主键是被禁止的（对于代理键来说，永远不能更改它的标准设定）。UPDATE CASCADE 指更新应级联进行。UPDATE NO ACTION 是默认的。

同样，DELETE NO ACTION 表达式指删除含有子记录的操作是被禁止的。DELETE CASCADE 是指删除操作会级联进行。DELETE NO ACTION 是默认的。

在目前的例子中，UPDATE NO ACTION 是没有意义的，因为 ARTIST 的主键是代理键，而且永远不会改变。然而对数据键来说，更新行为必须指定。我们这里给出了选项，这样就能了解应如何进行编码了。

6. 实现必需的双亲记录

我们知道，为满足双亲约束，必须定义引用完整性约束并把子表中的外键设置为 NOT NULL，上面的用于创建 WRITER-to-WORK 表 1∶N 联系的 SQL 代码中 WORK 表的 SQL CREATE TABLE 语句做到了以上两点。在这种情况下，WRITER 表是必需的父表，WORK

表是子表。这样，WORK 表中的 WriterID 被指定为 NOT NULL，WriterFK FOREIGN KEY 约束定义为引用完整性约束，这些规范促使 DBMS 的执行必需满足双亲约束。

如果双亲不是必需的，就要把 WORK 表中的 WriterID 设置为 NuLL。这个例子中，WORK 表不必为 WriterID 设一个值，所以它不需要双亲。FOREIGN KEY 约束确保 WORK 表中的 WriterID 中的所有值都在 WRITER. WriterID 中出现。

7. 实现 1∶1 联系

SQL 中实现 1∶1 联系和实现刚才给出的 1∶N 联系几乎是相同的，唯一的不同之处是外键必须被声明成唯一的。例如，如果 WRITER 表和 WORK 表之间的联系是 1∶1 的，就要在图 SQL 语句中添加下面的约束：

CONSTRAINT UniqueWork UNIQUE(WriterID)，

在设计时，显然 WRITER-to-WORK 联系显然不是 1∶1 的，所以不需要指定这个约束。如前所述，如果双亲是必需的，外键应该被设置为 NOT NULL，否则应该为 NULL。

8. 临时联系

临时联系(casual relationship)适合建立没有指定 FOREIGN KEY 约束的外键，经常应用于处理有数据丢失的数据库表的应用程序。在临时联系中，外键值可能和双亲中的主键值相匹配，也可能不匹配。

表 6-5 概述了用 FOREIGN KEY ，NULL，NOT NULL 和 U-NIQUE 约束在 1∶N，1∶1 和临时联系中建立联系的方法。

表 6-5 用 SQL CREATE TABLE 定义联系的方法

联系类型	CREATE TABLE 约束
1∶N 联系，双亲是可选的	指定 FOREIGN KEY 约束。设置外键为 NULL

联系类型	CREATE TABLE 约束
1：N 联系,双亲是必需的	指定 FOREIGN KEY 约束。设置外键为 NOT NULL
1：1 联系,双亲是可选的	指定 FOREIGN KEY 约束。指定外键是 U-NIQUE 约束。设置外键为 NULL
1：1 联系,双亲是必需的	指定 FOREIGN KEY 约束。指定外键是 U-NIQUE 约束。设置外键为 NOT NULL
临时联系	创建一个外键列,但是不指定 FOREIGN KEY 约束。如果联系是 1：1,指定外键为 UNIQUE

9. 用 SQL 建立默认值和数据约束

表 6-6 为 SMS 数据库建立默认值和数据约束的范例。"Unknown proveance"的默认值将会赋给 WORK 表中的 Description 列。WRITER 表和 TRANS 表被指定了多种数据约束。

表 6-6 SMT 数据库的默认值与数据约束

表	列	默认值	约束
WORK	Description	'Unknown proveance'	
WRITER	Nationality		IN ('Canadian', 'English', 'French', 'German', 'Mexican', 'Russian', 'Spanish', 'United States')
WRITER	DateOfBirth		小于 DateDeceased 之值
WRITER	DateOfBirth		4 字节:1 或 2 是第一个数字,剩下的 3 个数字为 0 至 9

表	列	默认值	约束
WRITER	DateDeceased		4 字节:1 或 2 是第一个数字,剩下的 3 个数字为 0 至 9
TRANS	SalesPrice		大于 0 并且小于或等于 500 000
TRANS	DateAcquired		小于或等于 DateSold

在 WRITER 表中,Nationality 的值受值域约束,DateOfBirth 的值受关系内约束,即 DateOfBirth 要早于 DateDeceased。前面提到过,DateOfBirth 和 DateDeceased 的值应该为年份,它受限制于以下的取值范围:第一位数字应为阿拉伯数字 1 或 2,余下的三个阿拉伯数字可以是任何的十进制数字。这样,DateofBirth 和 DateDeceaused 的值是 1000 到 2999 之间的任何一个整数。TRANS 表中的 SalesPrice 的值是 0 到 50000 美元之间的一个数。PurchaseDate 的值受限于关系间约束,因为 PurchaseDate 滞后于 DateAcquired。

在表 6-6 中没有给出表与表的关系间约束。尽管 SQL-92 规范定义了建立这种约束的方法,然而没有哪个 DBMS 商家会使用这种方法。这种约束必须在触发器里实现。

(1)实现默认值

默认值是由列定义中指定的关键字 DEFAULT 生成的,就在指定 NULL/NOT NULL 的后面。

(2)实现数据约束

数据约束是通过 SQL CHECK CONSTRAINT 建立的,其格式是 CONSTRAINT 后跟开发者提供的约束名,其后是 CHECK(类似于 SQL 语句中的 WHERE 子句),然后就是圆括号里的说明。

SQL IN 关键字用来提供一系列的有效值,SQL NOT IN 关键字也可以提供不在域约束范围内的值(本例中没有给出)。SQL LIKE 关键字用来规定小数位。范围约束使用大于和小于符号(<,>)。因为不支持关系间约束,比较关系可以作为同一个表的列之间的关系内约束。

任何一个用来作为表名和列名的 DBMS 保留字都必须放在方括号里,这样就转换成了确定的标识。我们已经使用表名 TRANS 来代替 TRANSACTION 保留字。表名 WORK 同样是个问题,单词 work 在大多数的 DBMS 产品中是保留字。类似地,还有 WORK 表中的 Description 列和 TRANS 表中的 State 列。把它们放在括号里意味着对 SQL 分析器来说这些术语已经由开发者提供且不可通过标准的方式使用。因此该 SQL 语句中,使用了 WORK(没有括号)、[Description]和[State]。

在所使用的 DBMS 产品的文档中,可以找到保留字列表。如果使用 SQL 句法中的任何关键字作为表或列的名字,如 SELECT,FROM,WHERE,LIKE,ORDER,ASC,DESC 等,肯定会遇到麻烦。这些关键字应放在方括号里。如果能避免使用这些关键字作为表名或列名,会使建表过程轻松得多。

在 DBMS 中运行 SQL 语句会产生 SMT 数据库中所有的表、联系以及约束。与使用图形工具相比,编写 SQL 代码创建这些表和联系要简单得多。

10. SQL ALTER 语句

SQL ALTER 语句是 SQL DDL 语句,用来改变一个已有的表的结构,例如,添加、删除或改变列,或者添加或删除约束。

(1)添加和删除列

下面的语句增加一个名为 MyColumn 的列到 CUSTOMER 表中:

ALTER TABLE CUSTOMER ADD MyColumn Char(5)NULL;

可以用下面的语句删除一个已有的列:

ALTER TABLE CUSTOMER DROP COLUMN MyColumn；

注意语法是不对称的。关键字 COLUMN 在 DROP 中要用到,但是在 ADD 中没有用到。

(2)添加和删除约束

ALTER 可以用来添加约束,如下所示：

ALTER TABLE CUSTOMER ADD CONSTRAINT MyConstraint CHECK

(LastName NOT IN('RobertsNoPay'))；

还可以用 ALTER 来删除一个约束：

ALTER TABLE CUSTOMER DROP CONSTRAINT MyConstraint；

11. SQL DROP TABLE 语句

在 SQL 中很容易删除表。事实上是太简单了。下面的 SQL DROP TABLE 语句将删除 TRANS 表及其中所有数据：

DROP TABLE TRANS；

因为这个简单的语句会删除表和表中所有的数据,所以使用时要非常小心。

DBMS 不会删除在 FOREIGN KEY 约束中作为双亲的那些表,即使是没有子表或是加上了 DELETE CASCADE 代码它也不会这样做。相反,为了删除这样的表,必须首先删除外键约束或删除子表,然后才可以删除双亲表。正如前面提到的,双亲表必须先进先出。

删除 CUSTOMER 表时需要用下面的语句：

DROP TABLE CUSTOMER_WRITER_INT；

DROP TABLE TRANS；

DROP TABLE CUSTOMER；

也可以这样删除 CUSTOMER：

ALTER TABLE CUSTOMER_WRITER_INT

DROP CONSTRAINT Customer_Writer_Int_CustomerFK;

ALTER TABLE TRANS

DROP CONSTRAINT TransactionCustomerFK;

DROP TABLE CUSTOMER;

6.1.2 SQL DML 语句

1. SQL INSERT 语句

SQL INSERT 语句用来向一个表中添加行数据。

(1)用列名称进行 SQL 插入操作

标准 INSERT 语句用来命名表中数据列并将这些数据按下面的格式列出来。注意,列名和列值同时是被包含在括号中的,DBMS 代理关键字没有包含在语句中。如果提供了所有列数据,而这些数据和表中的列具有相同的顺序,并且没有代理键,则可以忽略列的清单。如果有部分的值,只要编写和所拥有的数据相关的那些列的名称。当然,必须提供全部 NOT NULL 的列的值。

(2)批量插入

INSERT 语句最常用的形式之一是用 SQL SELECT 语句提供值。假设在 IMPORTED_WRITER 表中有许多艺术家的名字、国籍和生日。在这种情况,可以用下面的语句添加这些数据到 WRITER 表中:

INSERT INTO WRITER

(LastName,FirstName,Nationality,DateOfBirth,DateDeceased)

SELECT (LastName,FirstName,Nationality,DateOfBirth,Date-

Deceased)

FROM IMPORTED WRITER

注意,关键字 VALUES 没有在这种形式的插入语句中使用。

2. 向数据库表输入数据

现在可以向数据库添加数据。需要注意的是,应该怎样把这些数据输入到 SMS 数据库中。SQL CREATE TABLE 语句中,Customer-ID,ArtistID,WorkID 和 TransactionID 都是代理键,它们自动赋值并插入到数据库中,这会产生顺序的编号。若希望这些代理键的编号不是连续的数字,则需要克服 DBMS 中代理键自动编号机制的不足。不同 DBMS 产品对这个问题的解决方法是不同的(像代理键的值产生方法是不一样的)。

3. SQL UPDATE 语句

SQL UPDATE 语句用来改变已存在记录的值。当处理 UPDATE 命令时,DBMS 会满足所有的引用完整性约束。例如,在 SMS 数据库中,所有的键都是代理键,但是对于只有数据键的表,DBMS 会根据外键约束的规则级联或不接受(无任何动作)更新。同时,如果存在外键约束的话,DBMS 在更新外键时会满足引用完整性约束。

(1)批量更新

对于 SQL UPDATE 命令,很容易进行批量更新,但却存在一定的风险。例如,

UPDATECUSTOMER

SETCity='New York City';

对 CUSTOMER 表中每一行改变其 City 的值。如果只是打算改变客户 1000 的 City 值,则会得一个并不理想的结果,即每个客户都会有'New York City'这样的 City 值。

也可以使用 WHERE 子句找出多个记录进行批量更新。例如,如果想要改变每位生活在 Denver 的客户的 AreaCode,可以这样编写:

UPDATE CUSTOMER

SET AreaCode='303'

WHERE City='Denver';

（2）用其他表的值进行更新

SQL UPDATE 命令可以设置列值和一个不同的表中的列值相等。SMS 数据库没有这个操作的合适例子，因此可以假设有一个名为 TAX_TABLE 的表，列为（Tax，city），其中 Tax 是该城市的相应税率。

现在假设有一个表 PURCHASE_ORDER 包括了 TaxRate 和 City 列。我们对该城市里 Bodega Bay 的购物订单，用下面的 SQL 语句更新所有的记录：

UPDATE PURCHASE ORDER

SET TaxRate=

　　（SELECT Tax

FROM TAX_TABLE

　　WHERE TAX_TABLE. City='Bodega Bay')

WHERE PURCHASE_ORDER. City='Bodega Bay';

更为可能的是，我们需要在没有指定城市的情况下更新一份购物订单的税率值。就是说购物订单编号 1000 更新 TaxRate。这种情况可以用稍微复杂的 SQL 语句：

UPDATE PURCHASE ORDER

SET TaxRate=

　　（SELECT Tax

FROM TAX_TABLE

　　WHERE TAX_TABLE. City=PURCHASE_ORDER. City)

WHERE PURCHASE_ORDER. Number=1000;

SQL SELECT 语句可以通过许多不同的方式与 UPDATE 语句合并。

4. SQL DELETE 语句

SQL DELETE 语句也很容易使用。下面的 SQL 语句将删除

CustomerID 为 1000 的客户的记录：

　　DELETEFROM CUSTOMER

　　WHERE CustomerID=1000;

当处理 DELETE 命令时,DBMS 会满足所有的引用完整性约束,但是若忽略了 WHERE 子句,就会删除所有的客户记录。

6.1.3　联接的新形式

如果想要尝试执行 SQL 联接命令,需要在 DBMS 上基于 SQL CREATE TABLE 语句和 INSERT 语句完整地创建 SMT 数据库并输入数据。

1. SQL JOIN ON 语法

使用下列语法编写联接代码：

SELECT *

FROM WRITER,WORK

WHERE WRITER. WriterID=WORK. WriterID;

另一种编写相同联接代码的方式是：

SELECT *

FROM WRITER JOIN WORK

ON WRITER. WriterID=WORK. WriterID;

这两个联接是等价的。有人会觉得 SQL JOIN ON 的第二种格式比第一种更易于理解。也可以使用这些格式来联接三张表或更多的表。例如,如果要获得客户的名字以及他们感兴趣的艺术家名字的列表,可以这样编写：

SELECT CUSTOMER. LastName,CUSTOMER. FirstName,

　　WRITER. LastName WriterName

FROM CUSTOMER JOIN CUSTOMER_WRITER_INT

　　ON CUSTOMER. CustomerID=CUSTOMER_WRITER_

INT. CustomerID

     JOIN WRITER

      ON CUSTOMER_WRITER_INT. WriterID= WRITER. WriterID;

可以使用 SQL AS 关键字重命名表和输出列,使得这些语句更加简单:

SELECT C. LagtName, C. FirstName,

      A. LaStName AS WriterName

FROM CUSTOMER AS C JOIN CUSTOMER_WRITER_INT AS CI

      ON C. CustomerID=CI. CustomerID

      JOIN WRITER AS A

      ON CI. WriterID=A. WriterID;

当查询的结果表有许多行时,可能希望限制显示的行数。可以使用 SQL TOP NumberOfRows 语法,同 ORDER BY 子句一起对数据进行排序,形成最终的 SQL 查询语句:

SELECT TOP 10 C. LastNante, C. FirstName, A. LastName AS WriterName

FROM CUSTOMER AS C JOIN CUSTOMER_WRITER_INT AS C

      ON C. CustomerID=CI. CustomerID

      JOIN WRITER AS A

      ON CI. WriterID=A. WriterID

ORDER BY C. LastName,C. FirstName;

2. 外联接

SQL 查询:

SELECT C. LastName,C. FirstNamle,T. TransactionID,T. SalesPrice

FROM CUSTOMER AS C JOIN TRANS AS T

　　ON C. CustomerID＝T. CustomerID

ORDER BY T. TransactionID;

上述 SQL 语句仅仅能够显示 CUSTOMER 表中 8/10 的行,其他 2/10 的客户由于从来没有从书店购买过图书。因此,这些 2/10 的客户的主键值没有和任何的 TRANS 中的外键值匹配。因为没有匹配,它们不会出现在这个联接的结果中。可以通过使用一个外联接促使所有 CUSTOMER 中的行出现。SQL 外联接语法如下:

SELECT C. LastName,C. FirstName,T. TransactionID,T. Sale-sPrice

FROM CUSTOMER AS C LEFT JOIN TRANS AS T

　　ON C. CustomerID＝T. CustomerID

ORDER BY T. TransactionID;

注意所有没有进行过购买的客户,SalesPrice 和 TransactionID 的值是 NULL。

外联接可以是从左或右进行的。如果外联接是从左进行的(SQL 左外联接使用 SQL LEFT JOIN 语法),那么左边的表中所有行(或联接的第一个表)将会被包含进结果中。如果外联接是从右进行的(SQL 右外联接使用 SQL RIGHT JOIN 语法),那么右边的表中的所有行 (或联接的第二个表)将会被包含进结果中。

为了对右外联接进行描述,可以对前面用来联接客户和交易的查询进行修改。对于左外联接,空值显示的是还没有购买作品的客户。对于右外联接,空值将显示的是还没有被用户购买的作品。如果不是外联接,则该联接就称为内联接(inner joins)。外联接可以在任何层次上合并,就像内联接一样。

6.1.4 使用 SQL 视图

SQL 视图(SQL View)是从其他表或视图构造出的一个虚拟表,数据都是从其他表或视图中取得其本身没有数据。视图是用 SQL SELECT 语句构造的,它使用 SQL CREATE VIEW 语法。视图名可以像表名那样用在其他 SQL SELECT 语句中的 FROM 子句中。用来构造视图的 SQL 语句的唯一限制是它不允许有 ORDER BY 子句。需要由处理视图的 SELECT 语句提供排序。

一旦创建了视图,就可以像表一样用于 SELECT 语句的 FROM 子句中。注意,返回的字段的数目取决于视图中的字段的数目,而不是底层表的字段的数目。

视图能够隐藏字段或记录;显示计算结果;隐藏复杂的 SQL 语言;层次化内置函数;在表数据和用户视图数据之间提供隔离层;为同一张表的不同视图指派不同的处理许可;为同一张表的不同视图指派不同的触发器许可。

1. 使用 SQL View 隐藏字段和记录

视图可以隐藏字段,从而简化查询结果或防止敏感数据的显示。通过在视图定义中的 WHERE 子句可以隐藏数据记录。以下 SQL 语句是定义一个包含所有地址在华盛顿(WA)的客户的姓名、电话号码的视图:

```
CREATE VIEW BasicCustomerDataWAView AS
    SELECT LastName AS CustomerLastName,
           FirstName AS CustomerFirStName,
           AreaCode,PhoneNumber
    FROM CUSTOMER
    WHERE State= 'WA';
```

可以通过执行 SQL 语句来使用这个视图:

SELECT *

FROM BasicCustomerDataWAView

ORDER BY CustomerLastName,CustomerFirstName;

正如预期的那样,只有生活在华盛顿的读者出现在这个视图中。由于 State 并不是这个视图结果的一部分,这个特点是隐含的。这个特点的好坏依赖于视图的使用。如果应用于专门针对华盛顿的读者,这就是一个好的特点。而如果被误解为 SMT 仅有的客户,这就不好了。

2. 用 SQL 视图显示字段计算结果

视图的另一个用途是显示计算结果而不需要输入计算表达式。在视图中放置计算结果有两个主要的优点。首先用户可以不必写表达式就可以得到希望的结果,而且能够确保结果的一致。因为如果需要开发人员自己来写这个 SQL 表达式,不同的开发员写的可能不一样,导致不一致的结果。

3. 使用 SQL 视图隐藏复杂的 SQL 语法

视图也可以用于隐藏复杂的 SQL 语法。使用视图,开发人员就可以避免在需要特定的视图时输入复杂的语句。同样即使不了解 SQL 的开发人员,也能够充分利用 SQL 的优点。用于这种目的的视图同样可以确保结果的一致性。

与构造联接语法相比,使用视图简单了许多。甚至掌握 SQL 不错的开发者也会更趋向于使用一个简单的视图来进行操作。

4. 层次化内置函数

不能将一个计算或一个内置(built-in)函数作为 SQL WHERE 子句的一部分。但是可以建立一个计算变量的视图,然后根据视图写出 SQL,使得计算得出的变量应用到 WHERE 子句中。

这样的层次化可以延续到更多的级别。可以定义另一个视图,对第一个视图进行另一个计算。

5. 在隔离、多重许可和多重触发器中使用 SQL 视图

视图还有三种其他重要的用途。

①可以从应用代码中隔离出元数据表,从而为数据管理员提供了灵活性。

②对相同的表设置不同的处理许可。

③可以在相同数据源上定义多个触发器集合。这个技术是一般用来满足 O-M 和 M-M 联系。在这种情况下,一个视图拥有一个触发器集合,可以禁止删除必需的孩子,另一个视图拥有一个触发器集合,用于删除必需的孩子以及双亲。这些视图用在不同的应用程序中,取决于这些应用程序的权限。

6. 更新 SQL 视图

有些视图可以更新,有些视图是不可以的。确定视图是否可更新的规则较为复杂且依赖于具体的 DBMS。下面是判断视图是否可更新的普遍指导原则,而具体细节是应用中的 DBMS 决定的。

(1)对于可更新视图

①视图基于一个单独的表并且不存在计算字段,所有的非空字段都包含在视图中。

②视图基于若干个表,有或没有计算字段,并且有 INSTEEAD OF 触发器定义在这个视图上。

(2)对于可能有可更新的视图

①基于一个单独的表,主键包含在视图中,有些必需的字段不包含在视图中,可能允许更新或者删除,但不允许插入。

②基于多个表,可能允许对其中的大多数表做更新,只要这些表中的记录可以被唯一确定。

通常 DBMS 需要把待更新的字段与特定基本表的特定记录关联

起来。如果要求 DBMS 来更新这个视图，首先需要确定这个请求有意义，是否有足够的数据来完成这个更新。显然，如果提供的是一张完整的表并且不存在计算字段，视图是可更新的。同时，DBMS 会标记这个视图是可更新的，如果在该视图上定义了一个 INSTEAD OF 触发器。

如果视图不包含某个被要求的字段，显然就不能用于插入。但只要包含主键（或者有些 DBMS 只要求一个候选键），这样的视图就可以用于更新和删除。多表视图中的大部分子表是可更新的，只要这个子表的主键或候选键包含在视图中。同时，只有当该表中的主键或候选键处于视图中时才能完成这些操作。

6.1.5　在程序代码中嵌入 SQL

SQL 语句可以被嵌入到触发器、存储过程和程序代码中。为了在程序代码中嵌入 SQL，有两个问题必须解决。第一个问题是需要能够把 SQL 语句的结果赋予程序变量。第二个需要解决的问题涉及 SQL 和应用编程语言之间的不匹配。SQL 是面向表的，SQL SELECT 从一张表或多张表开始，然后产生一张表作为结果。另一方面，程序是从一个或多个变量开始处理这些变量的，并且存储结果到某个变量中。为了避免这个问题，SQL 语句的结果被当做一个虚拟文件（pseudofile）处理。当 SQL 语句返回一组记录时，指向特定记录的游标（cursor）就被确定了。应用程序可以将指针指向 SQL 语句输出结果中的第一行、最后一行或其他行上。根据游标的位置，该行中的所有列的值就会赋给程序的变量。当应用程序结束一个特定的行时，会将游标移向下一行、前一行或其他行，继续进行处理，从而逐条处理 SQL SELECT 返回的结果记录。

6.1.6 使用 SQL 触发器

当特定的事件发生时由 DBMS 执行的存储程序称为触发器(trigger)。Oracle 的触发器使用 Java 编程,也可以使用 Oracle 专有的编程语言 SQL(PL/SQL)。SQL Server 触发器使用 Microsoft. NET 通用语言运行库语言,比如 Visual Basic. NET 和 T-SQL。MySQL 触发器则使用 MySQL 的变种。

触发器是和表或视图关联的。表或视图可以有许多触发器,但是一个触发器只能和一张表或一个视图相关联。当触发器所附着的表或视图上发生插入、更新、删除时,触发器程序将会被调用。表 6-7 总结了 SQL Server 2008,Oracle Database 11g 和 MySQL 5.1 中可用的触发器。

表 6-7　SQL 触发器

触发器类型 DML 动作	BEFORE	INSTEAD OF	AFTER
插入	Oracle MySQL	Oracle SQL Server	Oracle SQL Server MySQL
更新	Oracle MySQL	Oracle SQL Server	Oracle SQL Server MySQL
删除	Oracle MySQL	Oracle SQL Server	Oracle SQL Server MySQL

Oracle 支持三种触发器:BEFORE,INSTEAD OF 和 AFTER。显然,BEFORE 触发器在插入、更新和删除之前被处理;INSTEAD OF

触发器在插入、更新和删除过程中被处理；AFTER 触发器在插入、更新和删除之后被处理。因此总共有 9 种触发器类型：BEFORE（插入、更新、删除）；INSTEAD OF（插入、更新、删除）和 AFTER（插入、更新、删除）。SQL Server 既支持 DDL 触发器（在 DDL 语句如 CREATE，ALTERODROP 上的触发器），也支持 DML 触发器。在 INSERT，UPDATE 和 DELETE 上的 INSTEAD OF 和 AFTER 触发器。因此，有 6 种可能的触发器类型。MySQL Server 只支持 BEFORE 和 AF-TER 触发器，所以只支持 6 种可能的触发器类型。其他 DBMS 支持不同的触发器类型。

当触发器被触发，DBMS 使得插入、更新和删除的数据对触发器代码可用。对于插入操作，DBMS 提供新记录的各个字段的值；对于删除，DBMS 提供被删除记录的各个字段的值；对于更新，它同时提供旧的和新的数据。提供数据的方式依赖于具体的 DBMS 产品。现在，假设新的值通过在字段名称前加一个前缀"new:"提供。由此，当插入 CUSTOMER 时，变量 new:LastName 就是被插入记录的 LastName 锻的值；对于更新，new:LastName 是被更新后的记录的 LastName 字段的值。类似地，假设旧的值通过在字段名前面加前缀"old:"提供。因此，对于删除操作，变量 old:Name 是被删除记录的 LastName 字段值；对于更新，old:Name 是被更新前记录的 LastName 字段的值（这实际是 Oracle 中的表示方法）。

（1）使用触发器提供默认值

DEFAULT 仅仅可以用于简单的表达式。如果指定默认值时要求较为复杂的逻辑，就需要使用触发器。

（2）使用触发器满足数据约束

触发器的第二个用途是满足数据约束。虽然 SQL CHECK 约束能够用来满足域、范围和关系内的约束，但是没有 DBMS 商家实现了 SQL-92 关于关系间 CHECK 约束的特性。因此，这样的约束可由触发器实现。

（3）使用触发器更新视图

有些视图是可以由 DBMS 更新的，有些则不能，这取决于构造视图的方式。对于不能由 DBMS 更新的视图，有时候可以由应用程序特有的针对给定商业设置的逻辑进行更新。应用程序更新视图的特有的逻辑被放在 INSTEAD OF 触发器中。

当在视图中声明了一个 INSTEAD OF 触发器，DBMS 除了调用触发器以外不执行任何操作，其他所有的事情都交给了触发器。在任何情况下，如果客户名字的值在数据库中碰巧是唯一的话，则该视图有足够的信息更新用户的名字。

6.1.7　使用存储过程

存储过程（stored procedure）是存放在数据库中的程序，执行一些常用的数据库操作。在 Orcle 中，存储过程可以用 PL/SQL 或 Java 编写。在 SQL Server 2005/2008 中，存储过程用 T-SQL 或 .NET 通用语言运行库（CLR）语言，如 Visual Basic.NET，C♯.NET 或 C++.NET编写。在 MySQL 中，可以使用 SQL 的变种编写。

存储过程可以接受输入参数并返回结果。不同于触发器，存储过程是与数据库关联的而不是与具体的表或视图关联的。存储过程可以被任何使用数据库的进程执行，只要这些进程具有使用这个存储过程的权限。

存储过程可以用于多种目的，数据库管理员用存储过程执行常见的管理任务，而首要的用途是用于数据库应用程序中。可以由用 CO-BOL，C，Java，C♯和 C++编写的应用程序执行，也可以由使用 VB-Script 或 JavaScript 的 Web 页面调用。特定的用户可以从 Oracle 的 SQL * Plus 或 SQL Developer 中、SQL Server 的 SQL Server Mariage-ment Studio 中和 MySQL 的 MySQL Query Browser 中执行这些存储过程。

存储过程的特点为：由用户或数据库管理员调用的代码模块；指派到一个数据库中，而不是一张表或视图；会引起插入、更新和删除命令；用于重复性的管理任务或作为应用程序的一部分。存储过程的优点为：更高安全性；减少网络传输量；SQL 能够被优化；代码共享；减少工作量；标准化处理；开发者专业化。不同于应用程序代码，存储过程不会部署到客户机上，而是驻留在数据库服务器上的数据库中并由 DBMS 处理。因此存储过程比分布的应用程序代码更安全并可以减少网络流量。

存储过程是处理 Internet 或企业内部网应用程序逻辑的较好模式。存储过程的另一个优点是可以由 DBMS 编译器优化其中的 SQL 语句。当在存储过程中加入应用程序逻辑时，许多不同的应用程序员可以共享这些代码。这不仅减少了工作量，而且标准化了处理流程。而且，可以让熟悉数据库的开发人员开发存储过程，而熟悉其他工作，例如，Web 编程的开发人员做他们熟悉的工作。由于这些优点，存储过程可能会在将来得到更多的应用。

6.2　数据库再设计的实现

数据库的来源有三种：根据现有的表和账本创建出来，某个新系统开发项目的产物，或者是数据库再设计的结果。这里重点讨论最后一种来源：数据库再设计。

6.2.1　数据库再设计的必要性

要想第一次就正确地建立数据库并不容易，尤其是当数据库来自新系统的开发时。即便能够获得所有的用户需求，并建立了正确的数据模型，要把这个数据模型转变成正确的数据库设计，也是非常困难的。对于大型数据库来说,可能还要分若干个阶段来开发。在这些阶段里,数据库的某些方面可能需要重新设计。同时,不可避免地,必须纠正所犯的错误。

数据库再设计的必要性,既体现在修正由于初始的数据库设计期间所犯的错误,又体现在使数据库适应在系统需求方面的修改。信息系统和使用它们的组织机构之间彼此相互影响,信息系统在影响着组织机构,而组织机构也在影响着信息系统。实际上,两者的联系要比这种相互影响更强有力得多。信息系统和组织机构不仅相互影响,它们还相互创建。一旦安装了一个新的信息系统,用户就能按照新的行为方式来表现。每当用户按照这些新的行为方式运转时,将会希望改变信息系统,以便提供更新的行为方式。等到这些变更制订出来后,用户又会有对信息系统提出更多的变更请求,如此等等,永无止境地反复循环。这种循环过程意味着对于信息系统的变更并非是出于实现不良的悲惨后果,不如说这是信息系统使用的必然结果。

因此,信息系统无法离开对于变更的需要,变更不能也不应当通过需求定义好一些、初始设计好一些、实现好一些或者别的什么"好一些"来消除。与此相反,变更乃是信息系统使用的一部分和外包装。这样,我们需要对它制订计划。在数据库处理的语义环境中,这意味着需要知道如何实施数据库再设计。

6.2.2 检查函数依赖型的 SQL 语句

当数据库中无数据时,进行再设计要相对容易得多。但是,对于不得不修改的包含有数据的数据库,或者当我们想要使得变更对现有数据存在的影响最小时,会遇到严重困难。在能够继续进行某种变更之前,需要知道一定的条件或者假定是否在数据中是有效的。在做数据库修改之前,还可能需要查找所有这样的非正常情况,并且在纠正它们之后再向前推进。基于此,有两个 SQL 语句是特别有益的:子查询和它们的"表亲"EXISTS 与 NOT EXISTS。相关子查询和 EXISTS 与 NOT EXISTS 是重要的 SQL 语句,它们能用来回答高级查询,而在数据库再设计期间,它们能用来确定指定的数据条件是否成立。例如,它们能用来确定在数据中是否可能存在函数依赖性。

1. 相关子查询

相关子查询(correlated subquery)能够在数据库再设计期间有效地利用。其中有一项应用是证实函数依赖性。相关子查询呈现出类似于常规子查询的欺骗性。区别在于常规子查询是自底向上处理的。在常规子查询中,能从最低层的查询确定结果,并用它来评价上层的查询。与此相反,在相关子查询中,处理是嵌套的,即利用从上层的查询语句得到的一行与在低层查询中得到的若干行相比较。相关子查询的关键性差异是低层的选择语句使用了高层语句的若干列。

2. EXISTS 和 NOT EXISTS

EXISTS 和 NOT EXISTS 是相关子查询的另一种形式。有了它们,高层查询所产生的结果可以依赖于底层的查询中若干行的存在或者不存在。如果在子查询中能遇到任何满足指定条件的行,那么 EXISTS 条件为真;仅当子查询的所有行都不满足指定的条件时,NOT EXISTS 条件才为真。NOT EXISTS 对于涉及包含必须对所有行为真的条件的查询场合,是很有用处的,比如"购买过所有产品的客户"。

6.2.3 对现有数据库进行分析

在进行数据库再设计前,需要考虑用什么来转换主键? 除了把新的数据追加到正确的行外,还需要用其他什么办法? 显然,如果旧主键曾经被用做外键,那么所有的外键也需要修改。这样就需要知道在其中使用试旧主键的所有联系。但是,视图怎么样? 是否每个视图仍使用旧主键？如果是这样，它们就都需要修改。还有，触发器以及存储过程怎么样？它们全都使用旧主键吗？同时，也不能忘记任何现有的应用程序代码，一旦移去旧主键，它们有可能崩溃。

关于数据库处理，有三条原则是必须遵守的。首先，在试图对一个数据库修改任何结构之前，必须清楚地理解该数据库的当前结构和内容，必须知道哪些依赖于哪些。其次，在对一个运作数据库做出任何实际的结构性修改之前，必须在拥有所有重要的测试数据案例的（相当规模的）测试数据库上测试那些修改。最后，只要有可能，就需要在做出任何结构性修改之前先创建一份该运作数据库的完整副本。

1. 逆向工程

逆向工程，就是读取一个数据库模式并从该模式产生出数据模型的过程。逆向工程可用来创建现有数据库的数据模型，以便能在继续进行修改前更好地理解数据库的结构。所产生的数据模型称为逆向工程（RE）数据模型，它既不是一个概念性模式，也不是一个内部模式，而是兼有两者的特征。大多数的数据建模工具都能执行逆向工程。RE数据模型几乎总是包含有错误的信息。群的模型必须仔细地加以审视。

可以使用 Microsoft Visio 2007 生成 RE 数据库设计。注意，由于Visio 的局限性，所以这是一个物理数据库设计而不是一个逻辑数据模型。在这使用 Microsoft Visio 是因为它的通用性，这意味着必须使用Visio 的非标准数据库模型。虽然 Visio 只能进行数据库设计，不能做数据建模，但是其他的一些设计软件（如 CA 公司的 ERwin）可以从逻辑上（数据建模）和物理上（数据库设计）构建数据库结构。除若干表和视图之外，有些数据模型还将从该数据库里捕捉到约束条件、触发器和存储过程。对于这些结构并没有加以解释，而是把它们的正文导入到此数据模型中。同时，在某些产品里，还能获得正文与引用它们的项目的联系。

2. 依赖性图

术语"图"(graph)是来自于图论的数学论题。依赖性图并不是像条形图那样显示,而是包含着节点和连接节点的弧(或线)的一种图形。依赖性图能够揭示出(数据库结构中间)依赖性的复杂程度。由于必须知道依赖性,所以许多数据库的再设计项目都是从制作依赖性图(dependency graph)开始的。

3. 数据库备份和测试数据库

由于再设计期间可能对数据库造成潜在的破坏,在做出任何结构性修改之前,应当先创建一份该运作数据库的完整备份。典型地,在再设计过程中使用的数据库模式至少应有三份副本。第一份是能用于初始测试的小型测试数据库。第二份是较大的测试数据库,甚至可能是包含整个运作数据库的满副本,它用于第二阶段的测试。第三份是运作数据库本身,有时是若干个大型测试数据库。

此外,还必须创建一种工具,能在测试过程期间将所有测试数据库恢复到原来的状态。利用这种手段,万一需要时,测试就能够从同样的起点再次运行。根据具体的 DBMS,在测试运行之后,可以采用备份和恢复或者其他手段来复原该数据库。对于有庞大的数据库的组织机构来说,直接将运作数据库的副本作为测试数据库是不可能的。相反地,需要创建较小的测试数据库,但是那些测试数据库必须具有其运作数据库的所有重要的数据特征,否则将不能提供真实的测试环境。

6.2.4　修改表名和表列

修改表名和表列,即变更若干表名字和表的多个列。

1. 修改表名

SQL 中没有修改表名字的命令,需要采用新的名字来重新创建表,并清除旧表。首先需要创建包含所有相关结构的新表,等到新表工作正常再清除旧表。倘若改名的表太大无法复制，就不得不使用其他的策略。

下面给出的策略就是定义两个触发器，通过复制旧触发器的文本，并对名字进行修改来实现。此外，还应针对数据库运行测试套件，以证实所有的修改都已正确实施。

修改表名字是一件复杂的事情，有些组织机构采取绝不允许任何应用系统或用户使用表的真名措施，而是实现定义视图作为表的别名。这样，每当需要修改其数据来源表的名字时，仅仅只需要修改定义着别名的视图就可以了。

2. 追加与清除列

把 NULL 列追加到表里是比较简单的。如果有其他诸如 DEFAULT 或 UNIQUE 之类的列约束条件，可以将它们包括在列定义里。然而，倘若包括 DEFAULT 约束条件，那么就需要将其默认值运用到所有新行上，但是目前现有的行仍然还是可空值的。

为了追加新的 NOT NULL 列，首先将其作为 NULL 列追加。然后，使用更新语句来显示在所有行中给列赋予某个值。在这之后，执行如下的 SQL 语句就把创建列的 NULL 约束条件修改成为 NOT NULL。然而，再一次提醒，如果所创建列尚未在所有行中给过值，这个语句必然会失败。

清除非关键字的列是很容易的。要想清除某个外键列，必须首先清除定义该外键的约束条件。这样的一种修改相当于清除一种联系。

要想清除主键，首先需要清除该主键的约束条件。然而，为此必须首先清除使用该主键的所有外键。

3. 修改列的数据类型或约束条件

如要修改列的数据类型或约束条件，只要利用 ALTER TABLE、ALTER COLUMN 命令简单地重新定义就可以了。然而，倘若要将列从 NULL 修改成 NOT NULL,那么为了保证修改取得成功,在所有行的被修改的列上必须拥有某个值。

某些类型的数据修改可能会造成数据丢失。例如,修改 char(50) 为日期将造成任何文本域的丢失,因为 DBMS 不能把它成功地铸造成一个日期。或者 DBMS 可能干脆拒绝执行列修改。其结果取决于所使用的具体 DBMS 产品。

一般来说,将数字修改为 char 或 varchar 将会取得成功。同时,修改日期或 Money 或其他较具体的数据类型为 char 或 varchar 通常也会取得成功。但反过来修改 char 或 varchar 成为日期、Money 或数字,则要冒一定的风险,它有时是可以的,有时则不然。

4. 追加和清除约束条件

约束条件能够通过 ALTER TABLE ADD CONSTRAINT 和 ALTER TABLE DROP CONSTRAINT 语句进行追加和清除。

6.2.5　修改联系基数和属性

修改基数是数据库再设计的一项常见任务。例如,需要修改最小的基数从 0 到 1 或者是从 1 到 0;或者把最大基数从 1：1 修改为 1：N,或者从 1：N 修改为 N：M;或者减少最大基数,从 N：M 修改为 1：N,或者从 1：N 修改为 1：1(该修改只能通过数据的丢失来实现,这里不再进行阐述)。

1. 修改最小基数

修改最小基数的操作,依赖于是在联系的双亲侧还是子女侧上修改。

(1)修改双亲侧的最小基数

如果修改落在双亲一侧,意味着子女将要求或者不要求拥有一个双亲,于是,修改的问题归结为是否允许代表联系的外键为 NULL 值。

如果将某个最小基数从 0 修改为 1,那么应当处于 NULL 状态的外键,必须修改成 NOT NULL。修改某个列为 NOT NULL,仅当该表的所有行都具有某种值的情况下才可能实施。在某个外键的情况下,这意味着每条记录必须都已经联系。要不然的话,就必须修改所有的记录,使得在外键为 NOT NULL 之前,每条记录都有一个联系。

根据所使用的 DBMS,有些定义联系的外键约束条件,在修改外键之前或许已不得不清除了。那么,这时就需要重新再追加外键约束条件。此外,在修改最小基数从 0 到 1 时,还需要规定对于更新和删除上的级联行为。

修改最小基数从 1 到 0 很简单。只要将其从 NOT NULL 改为 NULL。有必要的话,可能还需要修改在更新和删除上的级联行为即可。

(2)修改子女侧的最小基数

在某个联系的子女侧强制修改非零最小基数的唯一方式,是编写一个触发器来强制此约束条件。因此,修改最小基数从 0 到 1,必须编写相应的触发器。对于修改最小基数从 1 到 0,只需要清除强制执行该约束的此触发器就可以了。

假定需要有子女的约束条件是通过触发器强制的。倘若需要有子女的约束条件能通过应用程序来强制的,那么对于这些应用程序的强制也必须加以修改。这也是赞成在触发器中而并非在应用代码中强制这样的约束条件的另一个原因。

2. 修改最大基数

当将基数从 1∶1 增加到 1∶N 或者从 1∶N 增加到 N∶M 时,唯一的困难是保存现有的联系。这是能够做到的,但它需要一点专门处理。当减少基数时,联系数据将会丢失。在这种场合下,必须确立一项方针策略以决定丢失哪些联系。

(1)将 1∶1 联系修改成 1∶N 联系

对于 1∶1 联系,外键能放置在随便哪个表中。然而,无论它被放置于何处,必须定义为唯一用来强制 1∶1 基数的。

(2)将 1∶N 联系修改成 N∶M 联系

将 1∶N 联系修改成 N∶M 联系是很容易的[①]。只要创建新的交表并用数据填满它,再清除旧的外键列即可。

(3)减小基数(伴随着数据丢失)

减小基数的结构修改是很容易实现的。为了把 N∶M 联系减成为 1∶N,只要在子女的联系上创建一个新的外键,并且用交表数据填满它;为了把 1∶N 联系减成为 1∶1,只要让 1∶N 联系的外键的值为唯一的,然后在外键上定义某个唯一的约束条件。无论哪一种情况,最困难的问题是确定会丢失哪类数据。

首先考虑减少 N∶M 到 1∶N 的情况。由于是代理键,更新不需要级联,而删除是不应该级联的。需要修改所有的视图、触发器、存储过程和应用代码,以便适应新的 1∶N 联系。接着,清除在列上定义的约束条件,最后,清除表。要把 1∶N 修改成为 1∶1 联系,只需要去除所有联系的外键上完全相同的值,然后对外键追加某阶唯一的约束条件。

6.2.6　追加、删除表及其联系

追加新的表及其联系,只需要使用带有 FOREIGN KEY 约束条件的 CREATE TABLE 语句即可。倘若某个现有的表与新表有子女联系,那么就使用现有的表来追加 FOREIGN KEY 约束条件。

删除联系和表只不过是清除外键的约束条件,然后清除表的问题。当然,在实施这些之前,必须首先建立依赖性图,并用它来确定哪些视

[①]　至少数据修改是非常容易的。处理在视图、触发器、存储过程和应用代码方面数据修改的结果将要困难一些。所有这些将需要重新写入跨越某个新交表的联接中。所有表单和报告也需要修改,以便描绘某一交易的多重客户。例如,这意味着将文本编辑框修改成栅格。所有这些工作都很耗时,因而代价昂贵。

图、存储过程、触发器和应用程序将会受到该删除的影响。

6.2.7 正向工程

可以使用多种数据建模产品,根据需要对数据库做出修改。为此,首先对该数据库实施逆向工程,并修改得到的 RE 数据模型,然后调用数据建模工具的正向工程功能。

正向工程过程的细节是非常依赖于具体产品的,且它隐藏了需要学习的 SQL。由于正确地修改数据模型极其重要,许多专业人员对于利用一个自动的过程来实现数据库再设计是持疑虑态度的。当然,在对运作数据使用正向工程之前,有必要彻底地测试一下所得到的结果。有些产品在对数据库修改之前还会显示为了评估而需要执行的 SQL。

6.3 多用户数据库处理的实现

由于多用户数据库需要支持许多相互交迭的用户视图,且需求会随着时间变动,而这些变动又必定将招致数据库结构的其他变更,因此,多用户数据库的设计和开发是比较复杂的。

6.3.1 数据库管理

"数据库管理"(DataBase Administration,DBA)是指针对某个特定数据库(包括对其进行处理的应用系统)的一种功能。数据库规模的大小和范围变化很大,既有单用户个人数据库,也有大型跨组织的数据库。虽然复杂程度各不相同,但所有这些数据库都需要管理。办公室的经理常被称为数据库管理员(DataBase Administrator,DBA)负责为数据库的开发和使用提供便利。

管理数据库结构包括参与初始数据库的设计和实现,并控制和管理它的变化。

（1）配置控制

数据库及其应用系统实现之后，需求发生变化是不可避免的。一旦需求有了变化，就必定会提出改变数据库结构的要求。有效的数据库管理必须包含有某种算法过程和策略原则，使得可以保存用户需要变更的要求，并针对是否实现提议中的变更做出全局性的决定。

由于数据库及其应用系统的规模和复杂性，变更有时候常会产生意想不到的后果。因而 DBA 必须准备好修复数据库，并收集足够的信息来诊断和纠正数据库损害所造成的问题。因为数据库在其结构发生改变后是很容易招致故障的。

（2）文档管理

数据库结构的一次变动，将会招致可能隐藏 6 个月的错误；倘若没有正确的关于结构变动的记录文档（documentation），随后的问题诊断几乎是不可能的。此外，也可能会要求执行相当多的工作，以确定症状首次发生的位置。为此，保持测试过程的记录也是相当重要的，运行测试是对变更的一种确认。如果采用标准化的测试过程、测试格式和记录保持方法，那么记录这些测试结果应该不会耗费太多的时间。

尽管文档维护是一件相当烦琐而又毫无成就感的工作，然而每当灾难降临时，就会感到这一努力并非徒劳，文档是能否（不花昂贵代价地）解决主要问题的关键。目前，正不断涌现出一些产品，使得文档维护变得比较容易承担。

6.3.2　并发性控制

并发性控制（concurrency control）手段常用来确保一个用户的工作不会不适当地影响其他用户的工作。

1. 原子化事务的必要性

事务也被称为逻辑作业单元（LUW），在绝大多数数据库应用系统中，用户是以事务（transaction）的形式提交作业的。一个事务（或

LUW)就是在数据库上的一系列操作,它们要么全部成功地完成,要么一个都不完成,数据库仍然保持原样。这样的事务有时被称为是原子化的(atomic),因为它是作为一个单位来完成的。

注意,当以原子化方式执行时,如果其中任何一个步骤出现故障,数据库都将保持原封不动。同时注意,必须由应用系统发出 Start Transaction,Commit Transaction 或 Rollback Transaction 命令标记事务逻辑的边界。

(1)并发性事务处理

当两个事务同时处理同一个数据库时,它们被称为并发性事务(concurrent transaction)。对用户而言,并发性事务似乎是同时处理的,但实际上并不是这样的,因为处理数据库的计算机 CPU 每次只能执行一条指令。通常事务是交替执行的,即操作系统在任务之间切换服务,在每个给定的时间段内执行其中的一部分,即两个事务是交替进行的。

(2)丢失更新问题

假设有 A、B 两个用户取得的数据,在其获取的当时都是正确的。但在用户 B 读取数据时,用户 A 已经有了一份副本,并且打算要对其进行修改更新。这被称为丢失更新问题(lost update problem)或者称为并发性更新问题(concurrent update problem)。还有另一个类似的问题,称为不一致读取问题(inconsistent fead problem),即用户 A 读取的数据已被用户 B 的某个事务部分处理过。其结果是,用户 A 读取了不正确的数据。

并发性处理引起的不一致问题的一种弥补方法是:不允许多个应用系统在一个记录将要被修改时获取该记录的副本。这种弥补方法称为资源加锁(resource locking)。

2. 资源加锁

防止并发性处理问题最常用的一种方法,是通过对修改所要检索的数据进行加锁来阻止其被共享。

（1）加锁术语

设置加锁既可以由 DBMS 自动完成，也可以由应用系统或查询用户向 DBMS 发布命令而完成。由 DBMS 自动完成加锁设置的称为隐式加锁（implicit lock），而由发布命令设置的称为显式加锁（explicit lock）。当前，多数加锁是隐式的。程序声明需要加锁的行为，DBMS 恰当地放置锁。

加锁通常是应用到数据行上的。然而，有些 DBMS 锁住表层级，有些则锁住数据库层级。加锁的大小规模与范围称为加锁粒度（lock granularity）。粒度大的加锁，对于 DBMS 来说比较容易管理，但经常会导致冲突发生。小粒度的加锁比较难以管理（需要 DBMS 跟踪和检查得更加细致），但冲突较少发生。

锁也分成多种类型。排他锁（exclusive lock）使事项拒绝任何类型的存取。任何事务都不能读取或修改数据。共享锁（shared lock）则锁住对事项的修改，但允许读取。也就是说，其他事务可以读取该项，只要不去试图修改它。

（2）可串行化事务

当并发地处理两个或更多的事务时，在数据库里产生的结果应当同这些事务按任意的顺序处理时所得到的结果在逻辑上相一致。每当并发性事务是以这样的模式处理时，就称它是可串行化（serializable）的。

可串行化可以通过若干种不同的手段达到。

①使用两阶段加锁（two-phased lock）处理事务。这种策略是允许事务按其需要加锁，但一旦释放了第一阶段所加之锁以后，就不允许再进行任何加锁。因此，事务就有一个加锁的增长阶段（growing phase）和一个开锁的收缩阶段（shrinking phase）。

②使用一种特殊的两阶段加锁，即在整个事务中都可以进行加锁，

但要直到发出 COMMIT（提交）或 ROLLBACK（回滚）命令以后才解锁。这种策略比两阶段加锁的要求更为严格，但实现很容易。

（3）死锁

死锁中的 A、B 两个用户被锁定成称为死锁（deadlock）的某个条件，有时也称为死亡拥抱（deadly embrace）。

解决死锁有两种常用的方法。

（1）在死锁发生前预防

预防死锁的方法有多重：

①每次只允许用户有一个加锁请求。这时用户必须一次性地对所有需要的资源进行加锁。如果 A 用户一开始就锁住了自己需要的资源，死亡拥抱就不会发生。

②要求所有的应用程序都以相同的顺序锁住资源。

（2）允许发生死锁，然后打破它

差不多每个 DBMS 都具备有在死锁出现时打破死锁的算法过程。DBMS 首先必须检测到死锁的发生，典型的解决办法是将某个事务撤销，消除其在数据库里做出的变动。

3. 乐观型加锁与悲观型加锁

乐观型加锁和悲观型加锁是加锁的两种基本风格。

（1）乐观型加锁

乐观型加锁（optimistic locking）是假设一般不会有冲突发生。读取数据，处理事务，发出修改更新命令，然后检查是否出现了冲突。如果没有，事务便宣告结束。倘若有冲突出现，便重复执行该事务，直到不再出现冲突为止。

乐观型加锁是只在事务处理完之后加锁，锁定持续的时间比悲观型加锁要短。对于复杂事务或较慢的客户（由于传输延迟、客户正在做其他事、用户正在喝咖啡或没有退出浏览器关机等原因），可以大大减少锁定持续的时间。在大粒度加锁场合，这种优点尤其重要。

　　乐观型加锁的缺点是,如果对某行记录有好多个操作,事务可能就要重复许多次。因此,对一个记录有许多操作的事务,不适合应用乐观型加锁。

　　(2)悲观型加锁

　　悲观型加锁(pessimistic locking)则假设冲突很可能会发生。首先发出加锁命令,接着处理事务,最后再解锁。

　　一般来说,Internet 是一个易生混乱的地方,用户可能会采取比如中途抛弃事务等某种不可预见的行为。因此,除非预先确定了 Internet 用户,否则乐观型加锁是一种较好的选择。可是,在内联网场合,决策可能比较困难一些。很可能乐观型加锁仍然较好,除非存在应用系统会对某些特定行记录做大量操作的特点,或者应用系统需求特别不希望重新处理事务。

　　4. 声明加锁的特性

　　并发性控制是一个复杂的课题,确定锁的层级、类型和位置是很困难的。有时候,最优加锁策略过分地依赖于事务的主动性程度及其正在做什么。由于诸如此类的原因,数据库应用程序一般并不使用显式加锁。取而代之的,是主要标记事务的边界,然后向 DBMS 声明它们需要加锁行为的类型。这样一来,DBMS 可以动态地安置或者撤销锁,甚至修改锁的层级和类型。

　　可以用 BEGIN TRANSACTION,COMMIT TRANSACTION 和 ROLLBACK TRANSACTION 语句标记事务的边界。这些边界是 DBMS 实行不同加锁策略所需要的重要信息。如果这时开发者声明(通过系统参数或类似手段),他想要乐观型加锁,DBMS 就会为这种加锁风格在适当的位置设置隐式加锁。另一方面,倘若他后来又请求悲观型加锁,则 DBMS 也会另外设置隐式加锁。

　　5. 一致性事务

　　ACID 事务是指同时原子化(atomic)、一致化(consistent)、隔离化

(isolated)和持久化(durable)的事务。其中,原子化事务就是要么出现所有的数据库操作,要么什么也不做;持久化事务是指所有已提交的修改都是永久性的。

在 SQL 语句是一致性的情况下,更新将可以应用到在 SQL 语句启动时就已经存在的行记录集合上,这种一致性为语句级一致性(statement-level consistency)。语句级一致性意味着每个语句都是独立地处理一致化的行记录,但是在两个 SQL 语句之间这段时间内,是可以允许其他的用户对这些行记录进行修改的。事务级一致性(transaction-level consistency)意味着在整个事务期间,SQL 语句涉及的所有行记录都不能修改。

6. 事务隔离级

SQL 标准定义了 4 种隔离级(isolation level),并分别规定了允许它们出现的那些问题(表 6-8),目的是便于应用系统程序员在需要的时候声明隔离级的类型,然后交给 DBMS 管理加锁,以达到实现该隔离级。

表 6-8　事务隔离级总结

		隔离级			
		读取未提交	读取已提交	可重复读取	可串行化
问题类型	脏读取	允许	不允许	不允许	不允许
	不可重复读取	允许	允许	不允许	不允许
	不存在读取	允许	允许	允许	不允许

读取未被提交隔离级允许出现脏读取、不可重复读取和不存在读取。读取已提交隔离级不允许出现脏读取。而可重复读取隔离级既不允许出现脏读取,也不允许出现不可重复读取。最后,可串行化隔离级

对这三种读取都不允许出现。

一般来说,隔离级限制越多,生产率就越低,尽管这可能还要取决于应用系统的负载量以及编写形式。此外,并非所有的 DBMS 产品都支持全部的隔离级。各个产品在支持方式上和应用系统程序员分担的责任上也有所不同。

7. 游标类型

游标(cursor)是指向一个行记录集的指针,通常利用 SELECT 语句定义。一个事务能够打开若干个游标,既可以是串行依次的,也可以是同时的。此外,在同一个表上能够打开两个甚至更多的游标。

游标既可以直接指向表,也可以通过 SQL 视图指向表。游标要求占用一定的内存,比如说,为 1000 个并发性事务同时打开许多游标,就可能会占用相当多的内存和 CPU 时间。压缩游标开销的一个办法是定义压缩化容量游标(reduced-capability cursor),并在不需要全容量游标的场合使用这种游标。

在 Windows 环境下使用的 4 种游标类型(其他系统的游标类型与此类似)。最简单的游标是前向(forward only)的。利用这种游标,应用程序只能顺着记录集合向前移动。对于本事务的其他游标和其他事务的游标所做出的修改,仅当它们出现在游标的行头处时才是可见的。其余三种游标称为可滚动游标(scrollable cursor),因为应用程序可以向前或向后顺着记录集合进行滚动。静态游标(static cursor)是每当打开游标时所摄取的关系的一个快照。采用这种游标所做出的修改是可见的,来自其他任何来源的修改则是不可见的。

关键字集游标(keyset cursor)结合了静态和动态游标的一些特点。游标打开时,记录集合的每一行记录的主关键字值都被保存起来。当应用程序在某个行记录上设置游标时,DBMS 就会使用其关键字值来读取该行记录的当前值。如果应用程序要对一个已被本事务中其他游标或其他事务删除的行记录发出修改更新,DBMS 就会利用原来的关键字值创建一个新的行记录,并在其上设置更新后的值(假设提供了所有必要的字段)。本事务中其他游标或其他事务所插入的新行记录,对于关键字集游标是不可见的。除非事务的隔离级是脏读取,否则只有已提交的更新和删除对该游标是可见的。

动态游标(dynamic cursor)是全功能的游标。所有的插入、更新、删除以及对记录集顺序的修改,对于动态游标都是可见的。与关键字集游标一样,除非事务的隔离级是脏读取,否则只有已提交的修改更新是该游标可见的。

对于不同类型的游标所必需的处理以及管理开销量是不同的。为了改善 DBMS 的性能,应用系统开发者应当按照作业的需要,恰如其分地创建合适的游标。

6.3.3 数据库安全性

数据库安全性的目标,是确保只有授权的用户才能在授权的时间里进行授权的操作。通常,数据库开发小组必须在项目需求确定阶段便规定好所有用户的处理权限及责任。然后,这些安全性需求就能够通过 DBMS 的安全性特点得到加强,并补充写入应用程序里。

1. 处理权限及责任

处理权限及责任(processing rights and responsibilities)中的“责任”是伴随着处理权限展开的。处理的责任不可能通过 DBMS 或数据库应用系统得到强化。通常是把它们编制成某种人为的程序规则,并在系统培训时向用户详细阐述。

DBA 有管理处理过程的权限及责任。权限和责任是随着时间而改变的,凡是用到数据库,就会对应用程序和数据库结构进行修改,因而,就会遇到新的或者不同的权限及责任的要求。DBA 的工作之一就是探讨并实现这些修改。一旦完成处理权限的定义,它们就有可能以多种层级范围实现:操作系统、网络、Web 服务器、DBMS 以及应用程序。

2. DBMS 安全性

DBMS 安全性的特点和功能取决于所用的 DBMS 产品。基本上，所有的此类产品都提供了限制某些用户在某些对象上的某些操作的工具。一个用户可以赋予一个或多个角色，而一个角色也可以拥有一个或多个用户。所谓的对象（object）就是诸如表、视图或存储过程等数据库要素。许可（permission）是用户、角色和对象之间的一个联系实体。因此，从用户到许可的联系，从角色到许可的联系以及从对象到许可的联系都是 $1:N, M\text{-}O$ 的。

每当用户面对数据库时，DBMS 就会将他的操作限定为他的许可或者分配给他的角色。一般来说，要确定某个人是否就是其声称的那个人，是一项很困难的任务。所有的商用 DBMS 产品都通过用户名和口令来验证，尽管这类安全性在用户不太注意时，是很容易被别人窃取的。

用户能够输入名字和口令，或者有些应用程序也能输入名字和口令。例如，Windows 用户名和口令可以直接传送给 DBMS。而在其他情况下，则由应用程序来提供用户名和口令。Internet 应用程序常常定义一个所谓"未知人群"（unknown public）的用户群组，并在匿名用户登录时把它们存入这个群组。这样，像 Dell 这样的计算机公司就不需要为每个客户在安全性系统中输入用户名和口令。

3. DBMS 安全性守则

下面给出改善数据库安全性的守则。

- 在防火墙后运行 DBMS,但规划时要将放火墙想象为失效的
- 应用最新的操作系统和 DBMS 服务包与补丁
- 在功能上尽可能最小化使用

  尽可能最少的支持网络协议

  删除系统不必要的或无用的存储过程

  只要可能,就关闭默认登录和 Guest 用户

  除非特殊需求,绝不允许用户交互地登录 DBMS
- 保护运行 DBMS 的计算机

  不允许任何用户在运行 DBMS 的计算机上工作

  DBMS 计算机要安全地放置在带锁的房间内

  对于 DBMS 计算机房间的拜访者,应记录在日志里
- 妥善处理账户和口令

  采用强力口令来保护数据库账户

  监控失败的登录尝试

  经常性地检查群组和角色成员

  对无口令的账户进行审核

  尽可能为账户分配最低的特权

  限制 DBA 账户特权
- 要有规划

  开发安全性规划,以防止和检测安全性问题

  创建安全性的紧急状态算法过程,并对其加以实践

一般来说,DBMS 必须始终在防火墙里面运行。然而,DBA 在规划安全性时应当假设其防火墙已被突破。DBMS 和应用系统应当保证哪怕防火墙已经失效的时候仍然是安全的。包括 IBM、Oracle 及 Microsoft 在内的 DBMS 供应商,一直在坚持不懈地向其产品添加种种特性并修补其产品,以便改善安全性,减少脆弱性。因此,使用 DBMS 产品的组织机构应当持续不断地查找其供应商 Web 网站上提供的服务包和补丁,而与安全性特点、功能及处理有关的服务和补丁,更应当尽早地安装。

安装新服务包和补丁时,由于安装某个服务包和补丁可能会打破

某个应用系统,尤其是有版权的软件,需要安装(或不安装)特定的服务包和补丁。也许可能有必要推迟安装 DBMS 服务包,直到有版权软件的供应商升级其产品为新的版本。

那些应用系统用不到的数据库特性和功能,应当从 DBMS 运作中去掉或使其停用。运行 DBMS 的计算机必须受到保护。除了授权的 DBA 人员以外,对运行 DBMS 的计算机,任何人都不允许利用键盘使用它。账户和口令应当小心地分配,并妥善保管。此外,DBA 还应当参与到安全性规划中,开发一些预防和检测安全性问题的算法过程。近年来,信息系统安全性的重要性急剧增长。DBA 人士一般应当常规性地搜索各种网站,包括其 DBMS 供应商网站上的安全性信息。

4. 应用程序安全性

Internet 应用中的应用程序安全性通常是由 Web 服务器计算机提供的。在这种服务器上执行应用程序意味着安全性敏感的数据不能够在网络上传送。这里所显示的安全性处理能够通过 Web 服务器做到,但是它也能够在应用程序内部做到,甚至可以写成存储过程或触发器,通过 DBMS 在适当的时刻执行。

上述思想还可以加以扩展,即附加数据到安全性数据库里,再通过 Web 服务器、存储过程或触发器来存取。该安全性数据库可以包含与 WHERE 子句的附加值相匹配的用户标识符。利用应用程序来扩展 DBMS 的安全性,还存在许多其他的可能性。然而,一般来说,应优先使用 DBMS 的安全特性。只有当它们已经不适应需求的时候,才能通过应用程序代码来补充。数据安全性越被强化,存在渗透的机会就越少。而且,利用 DBMS 的安全特性比较快速、便宜,可能比自行开发质量更高。

5. SQL 插入攻击

每当用户修改某个 SQL 语句时,常会发生所谓的 SQL 插入攻击

(injection attack)。因此,每逢用户输入用于修改某个 SQL 语句时,必须小心地编辑那些输入,以确保仅仅接收有效的输入,并且不会引起任何额外的 SQL 句法。

6.3.4 数据库备份与恢复

计算机系统是有可能出现故障的。一旦出现故障,不可能轻易地确定问题所在并恢复处理过程。即便在故障中没有丢失任何数据,如果要精确地重建计算机处理的时间片和作业调度,那也是很复杂的。需要有大量的管理附加数据和处理,操作系统才能精确地从其中断处重新启动处理。此时,只有两种可能的方法:通过重新处理来恢复和通过后向/前向回滚来恢复。

1. 通过重新处理来恢复

恢复的最简单形式就是定期地制作数据库副本(称为数据库保存件),并保持一份自备份以来所有处理过的事务记录。这样,一旦发生故障时,操作员就可以从保存件复原出数据库,并重新处理所有的事务。尽管这一策略比较简单,但通常情况下是不可行的。首先,重新处理事务与第一次处理这些事务耗费的时间是一样多的,如果计算机的预定作业繁重,系统就可能无此机会;其次,当事务并发地处理时,事件是不同步的。由于这样的原因,在并发性系统中,重新处理通常不是故障恢复的一种可行形式。

2. 通过回滚/前滚来恢复

定期地对数据库制作副本(数据库保存件),并保持一份日志(log),记录自从数据库保存以来其上的事务所做出的变更。这样,一旦发生故障时,可以使用两个方式中的任何一个来进行恢复。

(1)前向回滚(rollforward)

先利用保存的数据复原数据库,然后重新应用自从保存以来的所

有有效事务(这里并不是重新处理这些事务,因为在前向回滚时并未涉
及到应用程序。取而代之的是重复应用记录在日志中处理后的变更)。

(2)后向回滚(rollback)

这就是通过撤销已经对数据库做出的变更,来退出有错误或仅仅
处理了一部分的事务所做出的变更。接着,重新启动出现故障时正在
处理的有效事务。

这两种方式都需要保持一份事务结果的日志,其中包含着按年月
日时间先后顺序排列的数据变动的记录。为了撤销某个事务,日志必
须包含有每个数据库记录(或页面)在变更实施前的一个副本。这类记
录称为前映像(before image)。一个事务可以通过对数据库应用其所
有变更的前映像而使之撤销。为了重做某个事务,日志必须包含每个
数据库记录(或页面)在变更后的一个副本。这些记录称为后映像(af-
ter image)。一个事务可以通过对数据库应用其所有变更的后映像来
重做。图 6-1 显示了一个事务日志可能有的数据项。

相对记录号	事务ID	逆向指针	正向指针	时间	操作类型	对象	前映像	后映像
1	OT1	0	2	11:42	START			
2	OT1	1	4	11:43	MODIFY	CUST 100	(旧值)	(新值)
3	OT2	0	8	11:46	START			
4	OT1	2	5	11:47	MODIFY	SP AA	(旧值)	(新值)
5	OT1	4	7	11:47	INSERT	ORDER 11		(值)
6	CT1	0	9	11:48	START			
7	OT1	5	0	11:49	COMMIT			
8	OT2	3	0	11:50	COMMIT			
9	CT1	6	10	11:51	MODIFY	SP BB	(旧值)	(新值)
10	CT1	9	0	11:51	COMMIT			

图 6-1 事务日志示例

对这个日志来说,每个事务都有唯一的标识名,且给定事务的所有
映像都用指针链接在一起。有一个指针是指向该事务工作以前的变更

(逆向指针,reverse pointer),其他指针则指向该事务的后来变化(正向指针,forward pointer)。指针字段的零值意味着链表的末端。DBMS的恢复子系统就是使用这些指针来对特定事务的所有记录进行定位的。日志中的其他数据项是:行为的时间,操作的类型(START 标识事务的开始,COMMIT 终止事务,释放了所有锁),激活的对象(如记录类型和标识符)以及前映像和后映像等。

给定了一个带有前映像和后映像的日志,那么撤销和重做操作就比较直接了。一旦所有的前映像都被复原,事务就被撤销了。为了重做某个事务,恢复处理程序便启动事务开始时的数据库版本,并应用所有的后映像。

要把数据库复原为其最新保存件,再重新应用所有的事务,可以利用检测点的机制。检测点(checkpoint)就是数据库和事务日志之间的同步点。检测点是一种廉价操作,通常每小时可以实施 3～4 次(甚至更多)检测点操作。这样一来,必须恢复的处理不会超过 15～20 分钟。绝大多数 DBMS 产品本身就是自动实施检测点操作的,无需人工干预。

为了完成检测点命令,DBMS 拒绝接受新的请求,结束正在处理尚未完成的请求,并把缓冲区写入磁盘。然后,DBMS 一直等到操作系统确认所有对数据库和日志的写请求都已完成。此时,日志和数据库是同步的。接着,向日志写入一条检测点记录。然后,数据库便可以从该检测点开始恢复,而且只需要应用那些在该检测点之后出现的事务的后映像。

6.3.5　管理 DBMS

作为 DBA 除了管理数据活动和数据库结构外,还必须管理 DBMS 本身,即编译和分析与系统性能有关的统计资料,并辨识出潜在的问题领域。

DBA 必须定期地监视用户的数据库活动,并对数据库活动和性能进行实时统计分析。当辨识出性能问题时(或者通过分析报告,或者通过用户的抱怨),必须确定是否要相应修改数据库结构或系统。结构修改例子可能包括:建立新的关键字、数据清除、删除关键字以及在对象间建立新的联系等。

　　DBA 管理 DBMS 产品的责任可总结为:生成数据库应用系统性能报告;调查研究用户对性能的意见;评估对数据库结构或应用系统设计做出变更的需要;修改数据库结构;评价和实现新的 DBMS 特性;微调 DBMS。

第 7 章　Web 数据库交换原理

数据库中的数据交换（data exchange）是数据库与其使用者间的数据交互过程，而数据交换是需要管理的，数据交换的管理是对数据交换的方式、操作流程及操作规范的控制与监督。数据库中的数据交换是数据库开拓应用的基本前提与保证，它对数据库应用的开发极为重要。

7.1　关系数据库系统中的数据交换原理

7.1.1　数据交换模型

图 7-1 为数据交换模型。数据交换是数据主体与数据客体间数据的交互过程。其中，数据客体即数据库，是数据提供者；数据主体是数据的使用者，即数据接收者，它可以是操作员（人）、应用程序，也可以是另一种数据体。

图 7-1　数据交换模型图

在数据交换模型中，首先由使用者通过 SQL 语言向数据库提出数据请求，接下来数据库响应此项请求进行数据操纵并返回执行结果，执行结果有两项：返回的数据值以及执行结果代码（它给出了执行结果正确与否，出错信息以及其他辅助性质）。

7.1.2　数据交换方式

数据交换是伴随着数据库的诞生而存在的,目前常用的有五种交换方式,这五种数据交换方式在数据库系统中的构成结构如图 7-2 所示,是数据库应用发展过程中不同阶段、不同环境的数据交换需求的反映。

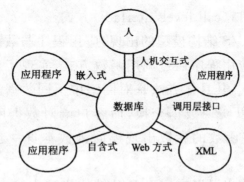

图 7-2　数据交换的五种方式

(1)人机交互式

这是目前比较通用的,人(操作员)与数据直接交互的一种数据交换方式。最初它以单机、集中方式出现,交互界面简单,现阶段在 C/S 与 B/S 结构中也可使用人机交互,且由于可视化技术的进展使得交互形式与操作方式变得丰富、简单。

(2)嵌入式方式

这是出现最早的应用程序与数据库间的数据交换方式,此种方式在 SQL 标准中称为 SQL/BD。由于嵌入式数据交换方式存在诸多不足,目前应用极少,但它在数据交换历史上确实发挥过重要作用,且由它开创的数据交换管理技术也为此后的多种数据交换方式提供了基础。

(3)自含方式

自含(contains self)方式是指由数据库管理系统自身包含程序设

计语言的主要语句成份,将 SQL 与程序设计语言统一于 DBMS 之内。它是数据库管理系统的成熟以及数据库厂商实力增强的标志。

自含方式的出现改变了嵌入方式的诸多不便。在目前商用数据库产品中,自含方式的 SQL 有 ORACLE V.7.0 中的 PL/SQL、Sybase Adaptive Server 中的 T-SQL 以及微软的 SQL Server2000 中的T-SQL。在 SQL 标准中自 SQL'92 起就有此类方式出现,称 SQL/PSM。

(4)调用层接口(call level interface)方式

随着数据库 C/S 结构模型的出现,应用程序与数据库间的数据交换便成为客户端应用程序通过调用函数方式,实现了从服务器调用数据的数据交换方式,其具体方法是对网络中不同数据源设置一组统一的数据交换函数以实现数据交换,而客户端对数据库的数据请求的 SQL 语句,以某些函数的参数出现连同函数本身一起传递至服务器执行。

此种方法目前也可以应用于 B/S 结构模型中,由于目前数据库应用环境多采用 C/S 方式与 B/S 方式,因此调用层接口方式已被广泛采用。

(5)Web 方式

传统数据库是一种严格的格式化数据,而 XML 则是一种松散的半格式化数据,由于两者数据结构形式的严重差异,因此须进行数据交换,这种方式称为 Web 数据交换方式,它在 Web 环境下应用广泛。

在 SQL 标准的 SQL'03 中出现有此种方式称 SQL/XML,此外,微软与 SUN 公司中也有此类方式的产品出现,如微软的 ASP 与 ADO 控件、SUN 公司的 JSP 与 Java Applet 等。

7.1.3　数据交换管理

在应用环境日益复杂的今天,数据交换管理显得尤为重要。

1. 会话管理

数据交换是两个数据体之间的会话过程。会话是在一定环境下进行的,在当今复杂的应用中,进行会话前通常会预先设定环境,即会话管理。

会话管理须设定的环境参数如下:

(1)设置会话的数据模式

会话开始前须首先明确数据主体和与之会话的数据客体模式。网络环境中的数据客体模式大致可以分为网络环境、目录层与模式层三个层次。通常在网络环境中,需要先选定与之会话的目录以及目录下的模式,它们可用一些语句设置,如设置目录语句(SET CATALOG)和设置模式语句(SET SCHEMA)。

(2)设置会话的字符集

现代数据交换通常会涉及多种语言文字,如英语、汉语、日语、少数民族语言等,由于它们通常会以不同字符集形式表示,因此须设置会话字符集语句,即设置名语句(SET NAMES)。

(3)设置会话局部时区

在因特网环境中,两个进行数据交换的数据体间存在着时区差异的可能性,因此需要对两者时区差异作设置,其设置语句为设置局部时区语句(SET TIME ZONE)。

(4)设置会话的授权标识符

对设置了上述参数的一个固定会话环境须给出一个名,即会话授权标识符,它可用设置会话授权标识符语句(SET SESSION AU-THORIZATION)。

会话授权标识符设置和模式设置是会话管理中比较常用的设置。目前会话管理的使用并没有普及,仅在大型、远程网络中且环境较为复杂的应用系统中比较常见。

2. 连接管理

连接管理负责数据主、客体间建立实质性的关联,如服务器指定、内存区域分配等,同时也可以断开两者间的实质性关联。

连接管理通常由连接语句(CONNECT)和断开连接语句(DIS-CONNECT)实现。连接语句的参数包括连接名、服务器名、用户名、数据模式名、表名,以及使用 SQL 语句名和相应的内存分配等;断开连接语句断开连接的参数可包括连接名。

连接管理一般用于 C/S、B/S 模式下的调用层接口方式及 Web 方式中。

3. 游标管理

数据交换中涉及数据库 SQL 中的变量是集合型的,而应用程序的程序设计语言中的变量则是标量型,因此数据库中 SQL 变量不能直接供程序设计语言使用,需要有一种机制将 SQL 变量中的集合量逐个取出后送入应用程序变量内供其使用,而提供此种机制的方法是增加游标(cursor)语句。

游标语句包括:

①定义游标:为某 SELECT 语句的结果集合定义一个命名游标。定义游标语句的形式为:

DECLARE<游标名>CURSOR FOR<SELECT 语句>

②打开游标:在游标定义后,当使用数据时需打开游标,此时游标处于活动状态。打开游标语句的形式为:

OPEN<游标名>

③推进游标:将游标定位于集合中指定的记录,并从该记录取值,送入程序变量中。推进游标语句的形式为:

FETCH<定位取向>FROM<游标名>INTO<程序变量列表>

＜定位取向＞::＝NEXT｜TIPRIOR｜FIRST｜LAST｜ABSO-LUTE±n｜RELATIVE±n。

在此语句的定位取向中给出了游标移动方位:

- 从当前位置向前推进一行:NEXT。
- 从当前位置向后推进一行:PRIOR。
- 推向游标第一行:FIRST。
- 推向游标最后一行:LAST。
- 从当前位置向后推进 n 行:ABSOLUTE−n。
- 从当前位置向前推进 n 行:ABSOLUTE＋n。
- 推向游标第 n 行:RELATIVE＋n。
- 推向游标倒数第 n 行:RELATIVE−n。

④关闭游标:游标使用完后需关闭。关闭游标语句的形式为:

CLOSE＜游标名＞

游标管理目前在数据交换中被广泛应用,除了人机交互方式外,在其他四种方式中均采用此方法以建立应用程序与数据间的接口,在不同方式中其游标语句在表示上均有所不同。

4. 诊断管理

在进行数据交换时,数据主体发出数据交换请求后,数据客体返回两种信息:所请求的数据值和执行的状态值,这种状态值称为诊断值,而生成、获取诊断值的管理称诊断管理。

诊断管理由两部分组成,它们是诊断区域及诊断操作。

(1)诊断区域

诊断区域是存放诊断值的内存区域,包括执行完成信息以及异常条件信息。诊断区域由标题字段与状态字段两部分组成。其中,标题字段给出诊断的类型(如 NUMBER 表执行结果的数值表示),而状态字段则给出该诊断类型执行结果的编码,即语句执行是否成功(成功为0,不成功为非 0 整数)。

（2）诊断操作

诊断操作有两种：

①DBMS 在执行 SQL 语句后，将执行状态自动存放于诊断区域内。

②使用者用获取诊断语句（GET DIAGNOSTICS）以取得语句执行的状态，该语句的执行结果是将诊断区域指定标题的状态信息取出。有的系统为操作方便将诊断区域的值自动放入一个全局变量中（如sqlca），此后可直接在程序中使用全局变量而不必使用"获取诊断语句"。

诊断管理与游标管理相匹配，目前被广泛应用于除人机交互方式外的所有其他四种方式中。

5. 动态 SQL

动态 SQL 是在数据交换时，对于数据主体所发出的 SQL 语句请求不能预先确定，需根据情况在程序运行时动态指定。

动态 SQL 在目前实现中分为不同类型。

①SQL 语句正文动态可变。允许在运行时临时输入完整 SQL 语句。

②变量个数动态可变。在 SQL 语句的子句中允许变量个数在运行时动态增/减。

③类型动态可变。SQL 语句中的变量类型可在运行时动态调整。

④SQL 语句引用对象动态可变。SQL 语句 SELECT 及 GROUP-BY 中的列名、FROM 子句中的表名、WHERE 及 HAVING 子句中的条件在运行时动态调整。

为实现动态 SQL，应用程序与数据库需进行信息交互，即应用向数据库提供动态参数，而数据库则需向应用提供查询结果，因此需在内存开辟一个区域供交互之用，该区域称为描述符区（descriptor area），而描述的数据称描述符（descriptor），描述符共有两种，它们是：

①参数描述符:用于应用程序向数据库提供动态参数。

②行描述符:用于数据库向应用程序提供查询结果,这些结果以表中行为单位,因此称行描述符。

动态 SQL 的操作一般通过下面两种语句。

①有关描述符区的操作语句。

·分配描述符语句(ALLOCATION DESCRIPTOR):用于分配一个 SQL 描述符区。

·解除分配描述符语句(DEALLOCATION DESCRIPTOR):用于解除所分配的 SQL 描述符区。

·设置描述符语句(SET DESCRIPTOR):在 SQL 的描述符区设置信息。

·取描述符语句(GET DESCRIPTOR):从 SQL 的描述符区取得信息。

②有关动态 SQL 使用的操作语句。

·准备语句:PREPARE<动态 SQL 语句名>FROM<动态 SQL 语句>,动态 SQL 在使用前必须有一个准备阶段,可用此语句作准备,语句中<动态 SQL 语句>可以用一个变量定义,也可以是 SQL 字符串。

·执行语句:EXECUTE<动态 SQL 语句名>,此语句表示执行动态 SQL 语句。

·立即执行语句:EXECUTE IMMEDIATE<动态 SQL 语句>,此语句表示动态准备并立即执行一个动态 SQL 语句。当 PREPARE 所组成的动态 SQL 语句只需执行一次时,此时可将 PREPARE 与 EXECUTE 合并成此语句执行。

此外,还有关于游标及增、删、改等动态 SQL 语句。

动态 SQL 目前被广泛应用于除人机交互方式外的所有其他四种方式中。

7.1.4 数据交换流程

数据交换是一个按一定步骤进行的过程,利用数据交换管理可以实现数据交换过程(图 7-3)。

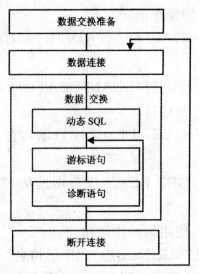

图 7-3 数据交换过程的流程图

(1)数据交换准备

应用会话管理设置数据交换的各项环境参数,包括设置数据库的数据模式,设置会话授权标识符以及设置字符集与局部时区。会话环境设置是面向固定应用的,它一经设定后一般不会改变,因此它是某个应用的数据交换的前提。

(2)数据连接

设置完环境参数后,还需要建立两个数据体间的物理连接,包括连接通路的建立,内存区域的分配等,数据连接一般建立在两个数据体处于网络中不同节点的情况下。

(3)数据交换

在经过数据连接后,数据交换即可进行,在数据交换中主要是数据主体应用 SQL 语句以获取数据库中的数据,在取得后放入指定区域,同时返回执行的状态信息,此时最关键的是需要不断使用游标语句与诊断语句,并在必要时使用动态 SQL。

(4)断开连接

在数据交换结束后,即可以断开两个数据体间的连接,包括断开连接的通路以及取回所分配的内存区域。

在一个数据交换结束后由会话管理所设置的以会话授权标识符为代表的各项环境参数仍可保留,此后可进入下一轮数据交换(即 2、3、4 三个阶段),如此不断循环而构成数据交换的完整过程。

在数据交换的五种方式中,基本上均按上述流程图进行数据交换,但是其流程的严格性有所不同,如人机对话方式则较为简单,而调用层接口及 Web 方式则较为严格。

7.2　人机交互方式

人机交互方式是人与数据直接交互的一种最原始、最简单,也是最方便的一种方式,是随着数据库系统的出现而出现的方式。早期的交互形式相对简单,因此发展相对受到一些限制。进入 20 世纪 90 年代,随着可视化技术的不断发展,人机交互方式得到了迅速的发展,它不仅在单机方式下,而且在 C/S 与 B/S 结构方式下也取得了显著的提高。

目前人机交互方式往往包括多种形式,如命令行方式、图形化界面,其主要目的是为了让用户在操作和使用时感觉方便,提高数据管理效率,同时能够适应多种不同层次的用户。

人机交互式数据交换最基本的手段,在数据库发展的早期,它是数据交换的主要形式。随着应用的不断发展,数据交换已经呈现出多种发展形式,并且与数据处理部分内容结合,形成了一种扩展形式。目前,人机交互方式的应用领域重要集中在数据定义、数据控制、资源管理、参数设置等方面。

一般而言,现有的数据库管理系统中都带有功能强大的 GUI 人机交互管理工具。通过这样的工具,用户可以很方便地进行资源管理、安全控制、数据操纵。当然,有些比较复杂的、抽象级别较高的功能可能还需要借助于人机交互中的命令方式进行。总的来说,随着技术进步,友好的 GUI 工具已经成为人机交互方式的主流。

7.2.1 SQL Server 中的人机交互功能

图形工具与命令提示工具是 SQL Server 中比较常见的两种人机交互形式。

(1)图形工具

SQL Server 中的图形工具可以帮助用户、程序员和管理员管理和配置 SQL Server 完成复杂的数据库管理和数据管理操作,主要的图形工具有:

①企业管理器:核心的管理工具,主要的管理工作都可以通过其进行。

②查询分析器:用以交互地设计和测试 T-SQL 语句、批处理和脚本。

③系统监视器:是一个监视运行 Windows 的计算机上的资源使用情况的工具。

④数据转换服务(DTS):用于数据和对象的导入、导出、验证以及各类异构数据库之间的转换。

⑤事件探查器:是从服务器捕获 SQL Server 事件的工具。

⑥服务管理器:用于启动、停止和暂停服务器上的 SQL Server 组件。

(2)命令提示工具

命令提示工具主要包括:bcp、console、isql、sqlagent、sqldiag、sqlmaint、sqlservr、vswitch 等,这些工具一般用于比较复杂的数据库管理功能。如:bcp 命令用以实现大容量的数据复制,以用户指定的格式从操作系统文件或向操作系统文件复制 SQL Server 数据。

7.2.2　SQL Server 中的人机交互友好界面

常用的图形交互工具有企业管理器、查询分析器及事件探查器。

1. 企业管理器

在 SQL Server 企业管理器中可以调用其他管理工具,可以说,它拥有非常强大的数据库管理功能。

企业管理器的功能可以分为两大类:①管理 SQL Server 的实例组,即对数据库服务器进行注册,并进行相应的配置管理。②管理注册服务器中的数据库,即管理注册服务器中的对象并执行相应任务。

(1)管理 SQL Server 实例组

基于管理的需求,通常 SQL Server 会将数据库分三级层次组织,即数据库服务器组、数据库服务器及数据库。

①定义服务器组。服务器组提供了一种便捷方法,可将大量的服务器组织在几个易于管理的组中,一般用于大规模的数据库服务器管理模式中。

②将数据库服务器注册到实例组中,并对已注册的服务器进行相应的配置。与注册服务器相反的是删除服务器,在所要删除的服务器上单击右键选择"删除"选项即可删除企业管理器对服务器的引用。需要再次使用此服务器时只需在企业管理器中重新注册它就可以使用了。

③连接与断开服务器。在企业管理器的"SQL Server 组"中用左键单击所要连接的服务器,或在所要启动的服务器上单击右键后从快捷菜单中选择"连接"即可启动。在所要断开的服务器上单击右键后从快捷菜单中选择"断开"选项就可以断开,服务器在关闭企业管理器时

也会自动断开服务器。

④服务器属性的配置。在企业管理器中,在要进行配置的服务器上单击右键后从快捷菜单中选择"属性"选项,进入"配置服务器属性"对话框可进行服务器的属性设置。较为常用的属性设置包括:在数据库设置中配置数据库文件和日志文件的默认目录;在内存选项中配置 SQL Server 使用内存的方式;在连接配置中并发用户连接的最大数目。

此外,配置服务器属性的工作还可以通过控制面板进行。

(2)创建并管理数据库对象

在已注册后的服务器中可以创建数据库对象并对其作管理。

①调用 SQL Server 工具和向导。SQL Server 中通常会提供向导工具,引导用户完成一系列的数据库与服务器管理工作。

②数据库对象的创建。利用企业管理器几乎可以完成所有的数据定义功能,如数据库、表、视图、存储过程的定义、修改和删除。其操作过程也非常方便。

③生成对象的 SQL 脚本。企业管理器提供了可视化的界面帮助用户建立数据库及其对象,如表、视图、缺省值等,很少需要用户自己编辑程序代码。但对用户来说了解这些对象是如何通过 SQL 语言建立的并得到其 SQL 语言脚本是很有好处的。在企业管理器中提供了工具以帮助用户产生这些对象的 SQL 语言脚本。

2. 查询分析器

SQL 查询分析器是交互式图形工具,用于执行 T-SQL 命令等 SQL 脚本。在 SQL 查询分析器中,数据库管理员或开发人员能够编写查询、同时执行多个查询、查看结果、分析查询计划和获得提高查询性能的帮助。

①连接到数据库服务器。启动查询分析器后,会弹出连接到 SQL Server 的对话框,提示用户输入相应的连接信息。

②执行 SQL 脚本。在查询分析器中,用户可以在全文窗口中输入 SQL 语句并执行,其执行结果显示在结果窗口中。

③查看、编辑数据。直接利用 GUI 界面查看、编辑数据库中的数据。

④生成数据库对象脚本。查询分析器也能生成数据库对象的定义脚本。在一个数据库对象(数据库或表)上点击"在新对象中编写对象脚本"、"创建",即可得到该对象的脚本。

3. 事件探查器

用 SQL 事件探查器可以监视 SQL server 实例的性能,调试 T-SQL语句和存储过程,识别查询的执行速度,通过单步执行语句测试 SQL 语句和存储过程,通过捕获产生系统中的事件并在测试系统中重播它们来解决 SQL Server 中的问题,审核和复查在 SQL Server 实例中发生的活动。

此外,通过事件探察器的共他选项,还可以设置跟踪的详绅条件。如在事件选项中可以选择需要跟踪的事件类型;在数据到选项中可以选择所需要的跟踪结果信息;而筛选选项用来限制有关在跟踪中定义的事件的数据集合,并可以排除引用系统对象的事件。

7.3　自含式 SQL 及 T-SQL

自含式 SQL 是数据交换中的重要内容之一,目前使用广泛。在数据交换中自含式 SQL 是嵌入式 SQL 的一种发展,在开始时它应用于单机、集中式方式中作为开发应用的主要手段,目前在 C/S 及 B/S 结构中,它定位于服务器内,用于在服务器内的数据交换,因此它基本不需连接,但需要作 SQL 访问与算法语句间的接口。

目前自含式 SQL 主要用于服务器中的应用程序编制,如存储过程及触发器中过程的程序。

编制以及后台脚本程序编制。一个完整的自含式 SQL 大致包括如下内容：

①SQL 的核心内容：SQL 的数据定义、数据操纵及数据控制部分内容。

②传统算法程序设计语言中的一些主要成份：如控制类语句、输出语句等。

③SQL 中数据交换部分内容：包括游标、诊断及动态 SQL。

④服务性内容：服务性的函数库、类库以及输入、输出、加载、拷贝、监控与图形、图像等多媒体服务功能等。

自含式 SQL 构成一种完整的语言，它还包括一个定义完整的数据类型以及变量与表达式的表示。目前自含式 SQL 已逐渐取代嵌入式 SQL 成为数据库应用开发中的主要工具之一。

自含式语言 Transact-SQL，简称 T-SQL。T-SQL 将 SQL 与算法语言中的主要成份结合于一起，并通过游标建立无缝接口，从而构成一个跨越数据处理与流程控制的完整的语言。

1. 数据类型、变量与表达式

(1)数据类型

SQL Server 中数据类型共有 21 种，包括整数（INT）、短整数（SMALLINT）、长整数（BIGINT）、TINYINT、位（BIT）、十进制数［DECIMAL（NUMERIC）］、货币类型（MONEY）、货币类型（SMALL MONEY）、浮点数（FLOAT）、浮点数（REAL）、日期时间型（DATETIME）、日期时间型（MALLDATETIME）、定长字符串（NCHAR）、变长字符串（NVARCHAR）、文本（TEXT）、文本（NT-EXT）、二进制串（BINARY）、变长二进制串（IMAGE）、变长二进制串（VARBINARY）等。

(2)变量

SQL Server 允许使用局部变量和全局变量，局部变量用 DE-

CLARE 语句说明,而全局变量由系统预先定义和维护。

①局部变量。由用户可自定义的变量,它的作用范围仅在程序内部。局部变量在程序中通常用来存储从表中查询到的数据或当作程序执行过程中的暂存变量。局部变量必须用@开达,而且必须先用 DE-CLARE 命令说明后才可使用。

变量说明的命令格式为:

DECLARE@＜变量名＞＜变量类型＞[,@＜变量名＞＜变量类型＞…]

变量名前必须有@前缀;主变量必须有冒号(:);前缀具有同样的功能,以便与关系的属性名相区分,其中变量类型可以用 SQL Server 2000 支持的所有数据类型。

②全局变量。全局变量是由系统预先定义和维护的,它们不用说明就可以直接使用,全局变量的特征有两个@做前缀,即@@。全局变量主要用来记录 SQL Server 的运行状态和有关信息。

③变量的赋值。在 T-SQL 中变量赋值必须使用 SELECT 或 SET 语句来设定变量值。

用 SELECT 语句:

SELECT@＜变量名＞＝＜表达式＞[,@＜变量名＞＝＜表达式＞…]

或

SELECT@＜变量名＞＝＜表达式＞[,@＜变量名＞＝＜表达式＞…]

　FROM＜表名＞|＜视图名＞[,＜表名＞|＜视图名＞…]

用 SET 语句:

SET@局部变量值＝变量值

(3)运算符

T-SQL 中的运算符有算术运算符、比较运算符、逻辑运算符、字符串运算符等四种。

①算术运算符。SQL Server 中可以使用的算术运算符及其含义如表 7-1 所示。

表 7-1　算术运算符及其含义

运算符	含义	可用于
＋	加	int、smallint、numeric、decimal、float、real、money、smallmoney
－	减	int、smallint、tinyint、numeric、decimal、float、real、money、smallmoney
＊	乘	int、smallint、numeric、decmal、float、real、money、smallmoney
/	除	int、smallint、tinyint、numeric、decimal、float、real、money、smallmoney
％	取模	int、smallint、tinyint

②比较运算符。SQL Server 中可以使用的比较运算符及其含义：＝（等于）、＞（大于）、＜（小于）、≥（大于或等于）、≤（小于或等于）、＜＞（不等于）、！＝（不等于）、！＞（不大于）、！＜（不小于）。

③逻辑运算符。SQL Server 中可以使用的逻辑运算符及其含义：AND（逻辑与）、OR（逻辑或）、NOT（逻辑非）。

④字符串运算符。在 SQL Server 中可以用算术运算符的加号（＋）作字符串的连接运算。

(4)表达式

表达式由常量、变量、属性名或函数通过与运算符的有机结合构成各类表达式。常用的表达式类型有：

①数值型表达式。例如：x＋2＊y＋6。

②字符型表达式。例如：'中国首都－'＋'北京'。

③日期型表达式。例如：＃2002-07-01＃-＃1997-07-01＃。

④逻辑关系表达式。例如：工资＞＝1200 and 工资＜1800。

（5）注释符

在 T-SQL 中可使用二类注释符：

①ANSI 标准的注释符"——"用于单行注释。

②与 C 语言相同的程序注释符号，即"/＊……＊/"，"/＊"用于注释文字的开头，"＊/"用于注释文字的结尾，可在程序中表示多行文字的注释。

2. 核心 SQL 操作

在 T-SQL 中可以对核心 SQL 中的语句作操作，它们包括下面一些语句。

①数据定义类语句。包括数据库定义（即数据模式定义）、表定义、索引定义、视图定义、存储过程及触发器定义以及相应的删除语句和部分修改语句。

②数据操纵类语句。包括 SELECT 语句的各种类型以及 UNION 语句等查询操作和插入、删除及修改操作。

③数据控制类语句。包括 GRANT、REVOKE 等授权类语句以及关于事务类语句和规则、缺省值定义语句等。

3. 数据交换操作

在 T-SQL 中的数据交换操作主要是游标操作，有关诊断操作已包含在游标操作内。此外，在 T-SQL 中其诊断值存放于全局变量 FETCH-STATUS 中，可用它以获得诊断结果。

4. 算法程序设计语言中的程序流控制及输出语句

它们包括九条语句：

①BEGIN…END 语句。将多条语句封装形成语句块。

②IF…ELSE 语句。条件判断语句，根据条件的真、假选择性执行。

③CASE 语句。根据搜索条件选择性执行。

④WHILE…BREAK…CONTINUE 语句。设置一个反复执行语句块,直至条件不满足为止。

⑤GOTO 语句。无条件转移语句。

⑥WAITFOR 语句。暂停程序执行直至所设定的时间或等待时间已到才继续执行。

⑦RETURN 语句。返回语句,结束当前程序执行并返回至原调用处,该语句在返回时可指定一个返回值,若未指定返回值则系统会自动返回一个值,其中 0 表示执行成功而负整数则表示不成功。

⑧PRINT 语句。打印输出语句。

⑨RAISERROR 语句。出错时输出用户定义的出错信息。

5. 函数

T-SQL 提供大量函数,它们可分为若干类。

①查询汇总函数。包括 SQL 查询中的总计函数:COUNT、SUM、AVG、MAX 及 MIN 等。

②类型转换函数。将表达式结果从一种类型转换成另一种类型。

③日期函数。有关日期计算的一些函数。

④数学函数。有关对数、指数、平方、平方根、三角函数、取整、取绝对值、弧度角度转换等函数。

⑤字符串函数。有关字符串转换的一些函数。

⑥系统函数。用于从数据库中返回一些特定信息的系统函数。

⑦图像函数。有关文本、图像数据处理的函数。

6. 文本、图像操作

T-SQL 提供若干文本与图像的操作语句,它们是:

①READTEXT 语句。从文本或图像中读取数据。

②WRITETEXT 语句。将数据写入文本或图像中。

③UPDATETEXT 语句。修改文本或图像中的数据。

7. T-SQL 的编程

T-SQL 程序可以作为脚本使用,也可以在查询分析器中直接运行,一般用于存储过程以及触发器中的编程。

7.4　调用层接口及 ODBC

数据库应用进入网络环境后出现了 C/S 结构方式,此方式的数据交换主要是建立一种接口称调用层接口(call level interface)。

7.4.1　调用层接口及 C/S 结构方式

1. 调用层接口

随着网络的出现,分布式系统的发展使得数据交换的环境有了本质的改变,在网络环境下,数据共享性得到了进一步扩展。为使数据在网上得到充分的共享,将数据库系统中的数据与应用分离已成为必然趋势。

数据库系统结构方式由统一、集中方式改变成"功能分布方式",即数据库(应用)系统被分离成为"数据"与"应用"两部分,再通过一定接口将其连接起来,它们在物理上分布于网络的不同节点,而在逻辑上则组成一个整体。这种方式可以使数据在网络中具有一定独立性,它可以为网络中多个应用所共享,同时网络中的每个应用也可以共享多个数据,因此,这种结构无疑为扩展网上的数据共享提供了结构上的方便,这种结构我们一般称之为 C/S 结构,而连接应用节点与数据节点的接口一般是一种专用接口工具。在此情况下,应用程序与数据库间的数据交换实际上成为网上两个节点间的数据通信,它们称为调用层接口,即通过应用程序调用以接口方式实现数据交换。

目前有关调用层接口的标准及产品有三种,它们是:

①SQL'99 中的 SQL/CLI。这是调用层接口的国际标准,但是它并无相应的产品问世。

②ODBC。这是微软的标准,并有相应产品,它适用于 SQL Server 2000 中及其他多种微软产品中,如 Access、VFP 等,ODBC 从标准角度看与 SQL/CLI 大致相近。

③JDBC。这是 UNIX 下基于 Java 的标准,有相应产品,它适用于 ORACLE 等系统中,JDBC 从标准角度看与 SQL/CLI 也大致相近。

2.C/S 结构方式

集中式数据库应用系统通常是一个完整的应用程序,它由三个部分组成:存储逻辑,包括 DBMS 及相应的数据存储;应用逻辑,包括由算法语言所编写的数据处理业务流程;表示逻辑,用于与用户交互可视化编程,包括图形用户界面(GUI)等。

在 C/S 结构模式中,由一个服务器 S(server)与多个客户机 C(client)所组成,它们之间由网络相连并通过接口进行交互。在 C/S 结构模式中服务器完成存储逻辑功能,而客户机则完成应用逻辑与表示逻辑功能,它们按两种不同功能分别分布于服务器与客户机中,构成了"功能分布"式的结构模型。在 C/S 结构模式中,客户机向服务器提出数据请求后,通过接口将请求传送至服务器;服务器响应请求后对数据请求作处理并将结果返回给客户机。

C/S 结构模式是一种网络环境下有效实现共享的结构,它的特点可以总结为:数据共享,服务器中的数据可以为多个客户机提供数据服务;结构灵活,应用与数据独立,多个客户机可提供多种应用,且每种应用可独立于服务器中的数据而灵活构造;分布均匀,将一个完整应用合理分布于服务器与客户机中,实现了多台机器合力完成一个项目的有效结构。

典型的 C/S 结构是两层的,但是随着计算机应用的发展,客户机的负荷日渐增加,为减轻客户机的负担而出现了三层 C/S 结构模式,称扩充的 C/S 结构模式。在扩充的 C/S 结构模式中,通常将服务器分为数据服务器与应用服务器两种,再加上客户机构成了三个层次的 C/S 结构,在这种结构中它们分别具有数据服务器完成存储逻辑功能;应用服务器完成应用逻辑功能;客户机完成表示逻辑功能。

7.4.2　ODBC 接口、工作流程及函数集

基于 C/S 结构中由于数据库间语言的差异而导致客户端访问服务器的困难,为能顺利实现客户端与服务端的有效交互必须建立一个公共的与数据库语言无关的统一接口标准及平台。

1. ODBC 接口

ODBC 是一个层次结构体系,它由四个部分(图 7-4)组成。

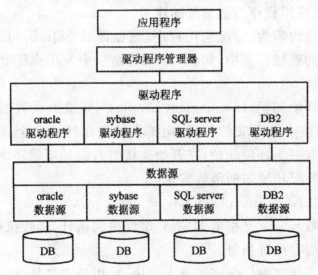

图 7-4　ODBC 结构示意图

①应用程序。调用 ODBC 函数,实现连接数据源,递交 SQL 语句以及返回数据的接收处理与断开连接。应用程序递交 SQL 语句是以

ODBC 函数中的参数形式出现。

②驱动程序管理器。一个动态链接库 DLL(dynamic link library),用于连接管理各种 DBMS 的驱动程序。

③驱动程序。一组针对固定数据源的 ODBC 函数执行码,存放于动态连接库 DLL 中供应用程序调用,一个 ODBC 接口一般可连接若干数据源,因此,一个 ODBC 可以有若干个驱动程序。

④数据源。在 ODBC 中数据源提供数据,它可以是各种类型数据库,如 ORACLE、Sybase、DB2、SQL Server 等,也可以是各种类型的文件结构,如 Word、Excel 等文件组织形式。

2. ODBC 工作流程

ODBC 主要用于建立客户机与服务器间数据交互的接口,其工作流程如下:

(1)建立应用程序与数据源的连接

具体包含内容为:分配应用程序、数据源及 SQL 语句句柄以及建立与数据源的连接。其中,句柄(handle)是一个应用程序变量,表示一块存储区域。

①分配环境句柄(environment handles),定义一个数据库环境,它是 ODBC 中整个上下文的句柄,用于存储应用环境的全局信息,每个应用程序只有一个环境句柄,在开始连接时首先须申请环境句柄,它用 ODBC 中的分配环境句柄函数实现:

SQLAllocEnv(phenv)

其中参数 phenv 是指向 HENV 型变量的指针,函数执行后将返回环境句柄的内存地址指针。

②分配连接句柄(connection handles),用于定义每个数据源环境,应用程序每连接一个数据源都必须分配一个连接句柄。一个连接句柄仅与一个环境句柄相连,而一个环境句柄则可与多个连接句柄相连,申请连接句柄可用 ODBC 中的分配连接句柄函数实现:

SQLAllocConnect(henv,phdbc)

其中参数 henv 是环境句柄指针,phdbc 是一个 HDBC 型变量。

③连接数据源,在分配了环境句柄和连接句柄后,应用程序就可以与数据源相连接,申请与数据源相连接可用 ODBC 中的连接数据源函数:

SQLConnect(hdbc,szDSN,cbDSN,szUID,cbUID,szAuth-Str,cbAuthStr)

其中参数 hdbc 是一个已分配的连接句柄,参数 szDSN、cbDSN 分别表示数据源名称及长度,参数 szUID、cbUID 分别表示用户标识符及长度,参数 szAuthStr 及 cbAuthStr 分别表示权限字符串及长度。

④分配语句句柄(statement handles),用于定义一个 SQL 语句的句柄,一个语句句柄只与一个连接句柄相连,而一个连接句柄则可与多个语句句柄相连,申请语句句柄可用 ODBC 中的分配语句句柄函数实现:

SQLAllocStmt(hdbc,phstmt)

其中参数 hdbc 是连接句柄指针,而参数 phstmt 则是语句句柄存储区指针。

用上述 ODBC 函数可以建立应用程序与数据源间的连接,其一般的连接次序是先申请环境句柄,再申请连接句柄,在取得此句柄后即可建立与数据源的连接,此后在执行 SQL 语句前申请语句句柄,在取得此句柄后即可执行 SQL 语句。

(2)应用程序与数据源交互

具体内容为:向数据源发送 SQL 语句,数据源执行 SQL 语句并返回结果,应用程序获取查询结果等内容。

①发送并执行。ODBC 提供两种方法向数据源发送 SQL 语句并执行,它们是直接执行方法与有准备执行方法。直接执行方法即是一次性快捷方式执行,其 ODBC 函数(该函数将 SQL 语句以参数方式传

送给数据源执行)如下：

　　　SQLExecDirect(hstmt,szSqlStr,cbSqlStr)

　　其中,hstmt 是指语句句柄,而 szSqlstr 及 cbSqlstr 则分别表示将执行的 SQL 语句字符串及其长度。

　　如果 SQL 语句需要执行几次或执行前需要有关结果集合准备信息,此时则采用有准备执行的方法较好,这种方法需要使用两个 ODBC 函数,首先是用预备函数 SQLPrepare(用此函数将 SQL 语句以参数方式发送至数据源):

　　　SQLPrepare(hstmt,szSqlStr,cbSqlStr)

　　其中参数 hstmt 指向语句句柄,而 szSqlStr 及 cbSqlStr 则分别表示 SQL 语句的字符串及其长度。

　　其次用执行函数 SQLExecute(用此函数可以执行 SQL 语句):

　　　SQLExecute(hstmt)

　　其中参数 hstmt 指向语句句柄。

　　②查询结果的获得。应用程序在用 ODBC 函数发送 SQL 语句并执行后即可获得查询结果,由数据源返回的结果是一个数据元组的集合,而应用程序中的变量一般为标量(即单个值),因此应用程序只能一次处理一个元组,此时需要有一种机制将集合量中元组逐个取出送入应用程序变量内供其使用,这种机制称游标(cursor)。使用游标时,首先,在执行一个查询(SQLExecDirect 或 SQLExec)后游标就隐含地被打开,然后可调用 SQLFetch 函数来移动游标指针,当打开后第一次使用此函数时游标指向集合中的第一个元组,在此后每使用一次则向后移一个元组,并通过 SQLGetCol 函数以取得当前行中某一列的值供应用程序使用。应用程序使用循环方式,不断用 SQLFetch 和 SQLGet-Col 获取结果集合中的数据直至结束,游标自动关闭。

　　游标的两个 ODBC 函数:

　　　SQLFetch(hstmt)

其中参数 hstmt 是一个语句句柄,该函数的功能是将游标从 hst-mt 所示的元组集合中由一行移向下一行。

SQLGetCol（hstmt,icol,fCType,rgbValue,cbValueMax,pcbValue)

其中参数 hstmt 是一个语句句柄,icol 与 fCType 是结果数据的列号和类型,rgbValue 和 cbValueMax 是数据存储区的指针和最大长度,而 pcbValue 是本次调用前 rgbValue 中可以返回的字节总数。

上面的五个 ODBC 函数给出了应用与处理交互的基本处理要求,其处理流程的次序如图 7-5 所示。这个图表示了数据交换的大致过程,在具体处理过程中还会涉及多种条件设置(如游标设置、动态 SQL 设置等),此外还涉及事务设置等内容。

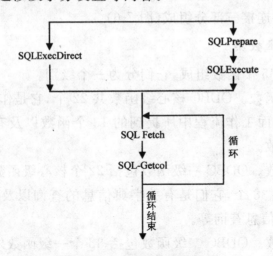

图 7-5　ODBC 处理流程图

(3)断开应用程序与数据源的连接

具体内容为:释放环境句柄、释放数据源句柄、释放 SQL 语句句柄以及断开与数据源连接,它们分别可用下面的 ODBC 函数:

①释放环境句柄函数:SQLFreeEnv(henv)。

②释放连接句柄函数:SQLFreeConnect(hdbc)。

③释放语句句柄函数：SQLFreeStmt（hstmt,foption）。其中参数foption 指出释放句柄的哪些资源，它包括几个值中之一：SQL CLOSE，撤销未完成操作结果，关闭与句柄有关游标；SQL DROP，释放与句柄有关的资源；SQL UNBIND，释放所有联编的列（这个参数仅当执行 SQLBindcol 时有效）；SQL RESET PARAMS，释放所有联编参数（这个参数仅当执行 SQLBindparameter 时有效）。

④断开数据源函数：SQLDisConnect（hdbc）。

用上面四个 ODBC 函数可以断开应用与数据源间的连接，其一般次序是先释放语句句柄，然后是断开与数据源的连接，接下来就可以释放连接句柄和环境句柄。

由此可知，ODBC 的整个工作流程是一个相当规范的流程，它由连接、处理与断开连接三部分组成（图 7-6）。

3. ODBC 函数集

ODBC 由 55 个函数组成，它们分为三个级别。

①核心级函数。ODBC 核心级函数共 22 个，它是作连接的最基本函数，它包括前面工作流程中所提到的 13 个函数以及有关事务处理，出错处理等函数。

②一级函数。ODBC 一级函数包括 22 个核心级函数外，还包括另外 16 个函数共 38 个，它们是有关字典信息的查询以及有关驱动程序与 DBMS 兼容信息查询等。

③二级函数。ODBC 二级函数包括 38 个一级函数外，还包括另外 17 个附加函数共 55 个，它们包括连接管理、可滚动的游标以及查询更详细的字典信息。

在这三个级别的函数集中一般常用的是核心级函数。

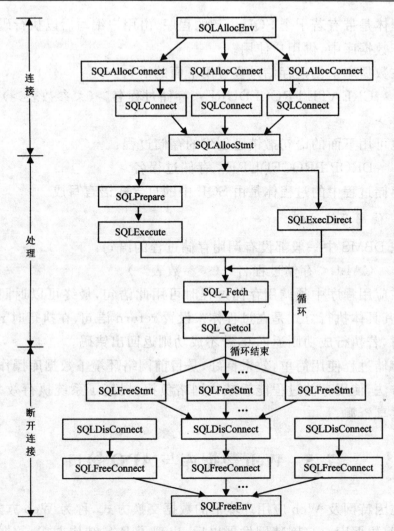

连接

处理

断开连接

图 7-6　ODBC 工作流程全貌图

7.4.3　C/S 结构中的数据库操作——存储过程

1. 构造存储过程

存储过程作为一个过程,由过程名、参数与过程体三部分组成,其中过程体是带有若干个 SQL 语句的程序,由用户编写后以执行码形式存放于数据库中,供用户使用。

在数据库中创建存储过程可用下面的语句:

     CREATE PROCEDURE<存储过程名>(<参数表>)AS<过程体>

也可用下面的语句撤销已创建的存储过程:

     DROP PROCEDURE<存储过程名>

存储过程中的过程体是由 SQL 中的自含式语言写成。

2. 使用存储过程

在 DBMS 中一般都设有调用存储过程的语句:

     CALL<存储过程名>(<参数表>)

在应用程序中须调用存储过程时可用此语句,最终可以返回执行结果,其具体执行方式是在过程体末设置 return 语句,在执行时 return 语句时,若执行成功则返回 0,若不成功则返回出错码。

存储过程使用简单,效果良好,是目前网络环境下数据库操作中常用的方法,使用存储过程能够减少网络负担、提高了系统执行效率、扩大了共享资源。

7.5　Web 数据库与 ADO 接口

在因特网及 Web 应用环境下的数据交换方式,称为 Web 方式,也称 Web 数据库。自因特网发展以后,出现了 B/S 结构方式,数据交换方式又有了新的变化,在此环境中,数据交换表现为 Web 数据应用与数据库间的接口,具体的说即表现为 XML 与数据库间的接口,此种交换方式称为 Web 方式,而具有此种方式的数据库称为 Web 数据库。Web 方式常见的有:网关(getway)方式、ASP 方式、JSP 方式和 PHP 方式。

7.5.1 因特网与 Web 应用

计算机网络的发展经历了由局域网、城域网、广域网、因特网(Internet)的过程。因特网是一种连接世界各国、各地区、各机构中的计算机的通信网络,它以 TCP/IP 协议连接的网络,其中的每台计算机都有一个地址名,称 IP 地址,并通过域名来表示,它是因特网内唯一的标识符。通过因特网可以在网内实现资源共享,其中包括数据资源共享。

Web(World Wide Web)也可称万维网或 3W,是因特网上的一种基础平台软件,它可为网上用户交换与共享数据提供服务。Web 中数据构成的基本单位是 XML 中的网页(Web page),其内容可以是各种媒体,其结构可由用户用 XML 按需要定义,网页间可用锚(anchor)与超链(hyperlink)互相引用(reference),从而构成一个超链结构,其中锚表示引用点,而超链指向被引用的网页。

Web 的应用一般需要下面的一些软件与标准:①浏览器软件,一种软件,用于 Web 数据的浏览,常用的如 Netscape、Explorer 等;②超文本传输协议 HTTP,一种协议,用于建立 Web 数据传递;③超文本标志语言 HTML(hyper text markup languange)及最近出现并流行的 XML(extansible markup language),用于构造 Web 上的应用。

数据交换中的 Web 方式就是在 Web 环境下的数据库交换方式,即数据库与 XML 的接口方式,这种能与 XML 接口的数据库称为 Web 数据库,因此,数据交换中的 Web 方式也称为 Web 数据库。Web 数据库是一种能适应 Web 环境的数据库。Web 中有两种不同类型的数据:一种是灵活、随意的 Web 数据,由 XML 表示;另一种是严格管理的 DBMS,由 SQL(或其他数据库语言)表示。

DBMS 具有严格的数据模型与模式,在数据的一致性、完整性、安全性及并发控制方面有一套规范的要求,有统一的查询语言与接口标准,所有一切都显示了数据库管理的成熟性、严格性与规范性。而

Web 数据结构则是随意、松散的结构,访问方式较为自由,数据控制能力差,这一切显示了 Web 的自由与松散性。这两者的有效结合可为 Web 提供充足的数据支撑,它既能满足因特网上的自由性又能满足一定的严格性,因此在 Web 中 Web 结构与数据库结构的并存并建立两者的接口,是 Web 数据库的主要内容与特点。

7.5.2　B/S 结构方式

三层结构 B/S 模式是 Web 数据库比较典型的应用,该结构中由浏览器、Web 服务器和数据库服务器三部分组成。由浏览器发出请求并通过 HTTP 协议将请求传送至 Web 服务器,Web 服务器存储各类 Web 应用,包括 Web 上的程序及 Web 数据,它根据请求调用相关应用,此后应用向数据库发送数据请求,数据库服务器响应请求后作数据处理并返回结果数据,最后,由 Web 服务器将结果以 XML 形式或相应的脚本语言形式返回给浏览器(图 7-7)。

图 7-7　B/S 结构模式工作流程图

这种结构聚集了应用与数据源的接口以及应用与 Web 数据接口,所有这些接口的完成都集中在 Web 服务器中。Web 服务器中有一个常驻的软件,如微软的 IS,如 U-NIX 的 Apache,如基于 J2EE 的 Weblogic 等,它负责接收来自浏览器的 HTTP 指令并完成这些指令动作,它组织 Web 上的各种应用。

Web 服务器中还有多种不同的软件,常见的有:

①XML。用它们组织与构造网页。

②脚本语言(script)。是一种具有简单编程功能的语言与其接口。脚本语言与 XML 的结合构成 Web 中的有效应用工具,常用的脚本语

言有 VBScript、JavaScript、Perl 等。此外，Java 语言中的 Java Applet 也可以插入 XML 中起脚本语言的作用。

③Web 开发工具。在脚本语言基础上进一步将 XML、脚本语言、数据库接口以及相关的组件相结合，构成一个动态的、交互的、Web 应用开发工具，在这种工具中，将 Web 数据、应用及数据库数据三者有效地结合在一起，并实现无缝接口。

7.5.3　ASP 接口方式

ASP(active server pages)是微软开发的建立在 Windows 上的 Web 开发工具，它采用线程方式工作，效率高，它可以将 XML、脚本语言 VBScript、JavaScript 以及 Activex 控件相结合并提供大量的组件用于编程与调试。在微软公司的 Windows 环境下基于 Web 的开发工具 ASP 可以实现数据交换，即通过 ASP 将 XML 与数据库相接口，从而实现 Web 下的数据交换，其示意图如图 7-8 所示。

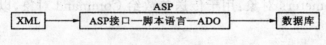

图 7-8　ASP 的数据交换方式示意图

需要说明的是，ASP 提供了两种组件，一种是内部组件，另一种是外部组件，其中外部组件称 ADO(activex data object)，它是 ASP 中脚本语言与数据库的主要接口。

7.5.4　ADO 控件

ADO 接口 Web 应用程序和数据库间的接口。ADO 是 ASP 的外接组件，它采用面向对象技术，用类/对象/组件以及方法等表示相关概念。ADO 由 Connection 对象、RecordSet 对象及 Command 对象三大组件组成(图 7-9)，VBScript(或 JavaScript)通过这三大组件，可以很方便地与数据库连接，执行 SQL 查询。

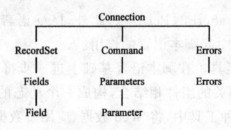

图 7-9　ADO 接口

下面是 ADO 所有重要接口。

①Connection 对象:用于建立数据源与 ASP 程序间的连接。

②Command 对象:用于定义数据库查询以及调用存储过程等操作。

③RecordSet 对象:用于获取一组数据记录集,它含有游标操作,并可执行包括查询在内的多种操作(包括增、删、改操作)。

④Errors 对象:用于响应执行 Command 命令时从数据源返回错误信息。

⑤Parameters 对象:用于传送参数给 Command 对象,以执行 SQL 查询。

⑥Fields 接口:表示 Recordset 对象中某一列数据,允许改变数据,并能返回 RecordSet 对象的相关属性与参数。

在实际运用中,如显式地创建了 Connection 和 Command 对象,就可以较为灵活地执行数据处理过程;否则,ADO 也会自动建立一个 Connection 对象并将含有 SQL 语句的字符串转换后放到一个 Command 对象中,以执行相关的操作。

1. Connection 对象

可用于建立 ASP 程序与数据源间的连接与断开连接,也可以直接作数据查询。

(1)建立与关闭 Connection 对象

可通过"建立 Connection 对象"与"关闭 Connection 对象"建立与

关闭一个 Connection 对象。其形式为：

```
<%
    Set vq=Server. CreateObject("ADODB. Connection")
%>
```

及

```
<%
    vq. Closc
%>，
```

其中，ADODB. Connection 是 Connection 对象的标识符。

（2）建立与关闭与数据库的连接

可通过 Open 与 Close 建立、撤销与数据库的连接。在与数据库连接前首先要建立 Connection 对象，在连接时要具体化数据库名，如：

```
<%
    Set vq=Server CreateObject("ADODB. Connection")
    vq. Open_Driver="xxx;Database=×××;servcr=×
××;UID=×××;PWD=×××"
%>
```

其中，Driver 指出驱动程序类别，如 Access、SQL Server、ORA-CLE 等，Databse 表示数据库名，Server 给出数据库所在服务器 IP 地址，而 UID 及 PWD 分别为用户名及口令。在此，建立数据库连接实际上包括了应用程序与驱动程序及数据源两部分的连接。用类似的方法用 Close 以关闭已连接的数据库。

（3）Connection 对象的查询

Connection 对象可通过下面的方法以实现对数据库的查询，它们是：Open，用于打开一个与数据源的连接；Close，用于关闭一个已打开的连接；Execute，用于执行一次 SQL 查询；Begin Trans，用于开始一个新的事务；Commit Trans，用于保存数据、结束当前事务并开始一个新的事务;Rollback Trans,用于取消当前事务并恢复数据到事务开始前;Cancel,用于取消未完成的 Open 或 Execute 方法。

2. RecordSet 对象

RecordSet 对象包括对象创建与读取/添加数据操作,以及一组对数据记录进行浏览、增、删、改操作以及游标操作。其具体如下:

(1)RecordSet 对象的创建

创建 Record 对象的方法很多,最常见的是利用 RecordSet 对象自身功能来创建一个新的 RecordSet 对象,如:

```
<%
    Set vq=Server. Create Object("ADODB. RecordSet")
    vq. Open"select…from…","DSN=×××;UID=××
×;PWD=×××"
%>
```

其中,"ADODB RecordSet"用来建立 RecordSet 对象的标识码,紧跟其后打开一个指定的 SQL 语句,vq. Open 是在已建立的对象上执行一个 SQL 查询并获得一个记录集,其中 DSN、UID 及 PND 分别表示数据库表名、用户名及口令。

(2)数据库操作

RecordSet 对象的数据库操作包括读取数据记录与添加数据记录。

①取数据记录:变量=vq("字段名")。其中,"字段名"为数据库中文件记录的字段。

②添加数据记录:添加一条记录(vq. AddNew);更新一条记录(vq. Update)。

(3)RecordSet 方法

RccordSet 对象提供了若干功能较强的方法,它们包括:

①打开、关闭和复制 RecordSet:Open 用于打开一个记录集;Close

用于关闭一个记录集;Clone 用于建立一个 RecordSet 对象的拷贝。

②游标。在 RecordSet 对象中须使用游标,它们包括:Move,将游标指针移动到 RecordSet 对象指定的位置;MoveFirst 等,这是一组方法,包括 MoveFirst、MoveLast、MoveNext 以及 MovePrevious 等它可以将指针分别移动到指定 RccordSet 对象的第一条、、一最后一条、下一条以及前一条。

③读及增、删、改。在 RecordSet 对象中包括如下的一些有关读及增、删、改方法,它们包括:GetRows 用于从数据库中读取一组记录;Requery 用于重新执行一次查询以及更新 RecordSet 对象的数据;Resync 用于从数据库中取出 RecordSet 中存在的记录,以更新当前 RecordSet 对象中的数据;NextRecordSet 用于清除当前 RecordSet 对象并返回下一个 RecordSet 对象;AddNew 用于为 RecordSet 对象增加一条记录;Delete 用于删除 RecordSet 对象的一条(组)记录;Update 用于将修改后的记录存入数据库。

3. Command 对象

Command 对象是一个能被数据库处理的对象,它提供简单、有效的手段来处理查询与存储的过程,利用 Command 对象可以表示一个 SQL 语句的字符串、存储过程或数据库表名。

Command 对象包括对象创建与查询以及一些方法,具体的有:

(1)Command 对象创建

```
<%
    Set pb=Server. CreateObject("ADODB. Command")
    Setpa. ActiveConnect=-"DSN=×××;UID=××
×;PWD=×××"
%>
```

其中"ADODB Command"是 Command 对象的标识,而第一行则表示将创建的 Command 对象与动态的 Connection 对象相连接。

（2）查询

常用的 Command 对象查询可用 Execute 方式执行 CommandText 属性所指定的查询，如：

$$<\%set\ Vs=pb.\ Execute\%>$$

这里 Vs 表示 Command 对象所返回的 RecordSet 记录集合。

此外，还可以利用 RecordSet 对象的 Open 方式执行 CommandText 属性所指定的查询：

$$<\%\ Vs\ Open\ pb,pa\%>$$

这里 Vs 是一个已建立的 RecordSet 对象，pb 是一个已建立的 Command 对象，而 pa 则是一个 Command 对象。

（3）方法

Command 对象还提供一些方法，如 Cancel，用于消除一个未确定的异步执行的 Execute 方法；CreateParameter，用于创建一个新的 Parameter 对象。

对于上面介绍的 ADO 的三大组件，在使用时也是有一定次序的。与 ODBC 类似，ADO 的操作流程也需经历了连接、处理与断开连接的三个步骤，其中在连接时包括使用 Connection 对象中的、CreateObject 建立连接；使用 Connection 对象中的方法 Open 建立与数据库的连接；在处理时使用 Connection 对象、RecordSet 对象以及 Command 对象对数据作处理；在断开连接时则使用 Connection 对象中的方法 Close 断开与数据库的连接；使用 Connection 对象中的 Close 断开连接。

参考文献

[1] 王珊,萨师煊.数据库系统概念(第 4 版).北京:高等教育出版社,2006

[2] 张玉洁,孟祥武.数据库与数据处理:Access 2010 实现.北京:机械工业出版社,2013

[3] 马吉明,孙林.数据库应用开发与管理.北京:机械工业出版社,2011

[4] 张俊玲.数据库原理与应用.北京:清华大学出版社,2005

[5] 刘云生.数据库系统分析与实现.北京:清华大学出版社,2009

[6] 邵佩英.分布式数据库系统及其应用(第 2 版).北京:科学出版社,2005

[7] [美]David M. Kroenke,[美]David J. Auer 著.数据库处理:基础、设计与实现(第 11 版).孙未未等译.北京:电子工业大学出版社,2011

[8] 何新贵,刘云生等.特种数据库技术.北京:科学出版社,2000

[9] 李昭原等.数据库技术新进展(第 2 版).北京:清华大学出版社,2007

[10] 施伯乐,丁宝康.数据库技术.北京:科学出版社,2005

[11] 廖国琼,刘云生.基于实时日志的嵌入式实时数据库恢复策略.计算机学报,2007(04)

[12] 何守才等.数据库百科全书.上海:上海交通大学出版社,2008

[13] 李昭原.数据库技术新进展.北京:清华大学出版社,1997

[14] 朱宪花,王华.医院网络综合信息管理系统的设计与实现.济南:山东大学,2009

[15] 卢守东.PowerBuilder 数据库应用开发技术.北京:清华大学出版社,2006

[16] 叶至军.PowerBuilder 分布式网络应用技术.北京:中国水利水电出版社,2004